ZEITSCHRIFT FÜR ANGEWANDTE GEOLOGIE

HERAUSGEGEBEN VON
DER STAATLICHEN GEOLOGISCHEN KOMMISSION
UND DER ZENTRALEN VORRATSKOMMISSION
DER DEUTSCHEN DEMOKRATISCHEN REPUBLIK

AUS DEM INHALT

BAND 10 / HEFT 3
MÄRZ 1964
SEITE 113–168

AKADEMIE-VERLAG · BERLIN

	INHALT	СОДЕРЖАНИЕ	CONTENTS	
B. F. NOWOSHILOW	Über die Qualität von Buntmetallerzen und die Rentabilität der Produktion	О качестве руд цветных металлов и рентабельности производства	The Quality of Non-Ferrous Metal Ores and their Production Efficiency	113
R. MEINHOLD	Gesetzmäßigkeiten der Erdölakkumulation in den Sedimentationsbecken	Закономерности накопления нефти в седиментационных бассейнах	Regularities in the Accumulation of Oil in Sedimentation Basins	118
W. N. DACHNOW	Auswertung der Ergebnisse von Kalibermessungen zur Gliederung von Karbonatgesteinen	Использование данных кавернометрии для расчленения карбонатных отложений	Evaluation of Results of Calibre Measurements for the Classification of Carbonate Rocks	127
O. KONITZ & R. SCHÄBITZER	Neue Erkenntnisse über die Ausbildung des Kaliflözes Thüringen Erfahrungen in den Grubenfeldern „Ernst Thälmann II/III" und Menzengraben und deren bergmännische Berücksichtigung	Новые познания о развитии калийного пласта Тюринген Опыты на шахтных полях „Эрнст Тельман II/III" и Менценграбен и их горнотехническое учитывание	New Knowledge of the Formation of the Potash Seam Thuringia. Experiences Made in the Minefilds „Ernst Thälmann II/III" and Menzengraben and their Consideration in Mining Operations	129
W. M. KONSTANTINOW & E. M. JANISCHEWSKIJ	Die Benutzung primärer Dispersionshöfe zur Einschätzung der Erzführung disjunktiver Störungen	Использование первичных ореолов рассеяния для оценки рудоносности дизьюнктивных нарушений	Primary Dispersion Halos Used in the Estimate of Ore-Bearing Disjunctive Disturbances	134
G. PATZELT	Einige geologische Ergebnisse von Erkundungsbohrungen bei Mandelholz (Harz)	Некоторые результаты разведочных скважин около Мандельгольц (Гарц)	Some Geological Results of Exploration Drillings near Mandelholz (Hartz Mountains)	135
F. SCHUST & H. CLAUSNITZER	Die Reflexionssonde für die Bohrlochuntersuchung	Развитие и испытание отражательного зонда	The Development and Testing of a Reflection Probe	136
F. REUTER	Geländesenkungen und Bauwerksschäden in Auslaugungsgebieten	Оседание поверхности земли и деформации зданий в областях распространения соляного карста	Ground Subsidences and Building Damages in Leaching Areas	143
A. GROSS	Graphische Rechenverfahren bei Vorratsberechnungen	Графические методы подсчета запасов	Use of Graphic Methods in Reserve Calculations	147
H. REH	Lagerstätten und Bergwirtschaft Marokkos	Месторождения и горное дело в Марокко	Deposits and Mining Industry of Morocco	151
H. LÜTZNER	Eine einfache Kompaßergänzung zum Einmessen von Geröllachsen	Простое дополнение компаса для замера осей валунов	Simple Attachment to the Compass for the Measurement of Boulder Axes	155
D. OPITZ	Bemerkungen zu geologischen Untersuchungen auf statistischer Grundlage	Замечания к геологическим исследованиям на статистической основе	Observations on Geological Investigations on a Statistical Basis	157
R. WASKOWIAK	10 Jahre Ingenieurausbildung in der Fachrichtung Geologie	10 лет подготовки инженеров по специальности геологии	Ten Years of Engineers' Training in the Branch of Geology	158
	Internationales Kolloquium für Photogrammetrie 1963	Международный коллоквиум по фотограмметрии 1963 г.	International Colloquy 1963 for Photogrammetry	160

Die ZEITSCHRIFT FÜR ANGEWANDTE GEOLOGIE berichtet ständig über folgende Arbeitsgebiete: Geologische Grundlagenforschung und Lagerstättenforschung / Methodik der geologischen Erkundung / Ökonomie und Planung der geologischen Erkundung / Technik der geologischen Erkundung / Geologie und Lagerstättenkunde im Ausland. In der Zeitschrift können alle strittigen Fragen der praktischen Geologie behandelt werden. Die Autoren übernehmen für ihre Aufsätze die übliche Verantwortung.

ZEITSCHRIFT FÜR ANGEWANDTE GEOLOGIE

KOLLEKTIVE CHEFREDAKTION

Dr. K. KAUTER (Redaktionssekretär)
Dr. F. STAMMBERGER
Dr. G. TISCHENDORF
Dipl.-Berging.-Geol. G. ZINDLER

BAND 10 · MÄRZ 1964 · HEFT 3

Über die Qualität von Buntmetallerzen und die Rentabilität der Produktion[1])

B. F. NOWOSHILOW, Moskau

Bei der industriellen Einschätzung von Lagerstätten sind bisher die Beschlüsse der Wirtschaftskonferenz, der Partei und Regierung wenig wirksam geworden. Das ist um so schwerwiegender, weil dadurch heute auf überholte Weise noch immer gewisse Vorentscheidungen gefällt werden, die in unserer Volkswirtschaft in Zukunft als Tatbestand wirksam werden bzw. in unseren fördernden Betrieben einen oft seit langem als unbefriedigend erkannten Zustand auch weiterhin konservieren.

Die Zentrale Vorratskommission hält in dieser Hinsicht eine unbedingte und baldige Veränderung für dringend erforderlich. Zu überprüfen sind nach ihrer Meinung drei geologisch-ökonomische Komplexe: die geologisch-technisch-ökonomische Überprüfung aller derzeit gültigen Konditionen; die Überprüfung der industriellen Einschätzung und ökonomischen Bewertung unserer Lagerstätten im Lichte der erwähnten Beschlüsse von Partei und Regierung; die Erfassung und Überprüfung der in den fördernden Betrieben entstehenden Vorratsverluste bei der Projektierung, Abbauplanung und Durchführung des Abbaus.

In der hier veröffentlichten Arbeit B. F. NOWOSHILOWS werden einige Grundfragen der sowjetischen Bergbaupolitik diskutiert. Obwohl wir dem Verfasser keineswegs in allen Fragen zustimmen können, ist u. E. sein Aufsatz eine gute Grundlage, um unsere — z. T. ähnlich gelagerten — eigenen Probleme zu diskutieren und zu klären. Selbstverständlich dürfen wir dabei die Unterschiede nicht übersehen, die sich aus den verschiedenen Vorratssituationen in der UdSSR und bei uns ergeben und die sich auf unsere praktischen Maßnahmen auswirken müssen. Daneben sind jedoch vordringlich einige grundsätzliche Fragen der sozialistischen Bergwirtschaft zu klären, die durch die erwähnten Unterschiede nicht beeinflußt werden und für die Volkswirtschaft der DDR von größter Bedeutung sind (z. B. bis zu welchem unteren industriellen Niveau, bis zu welcher Verschneidungsgrenze sollen unsere Vorräte abgebaut werden; Mindestlebensdauer neuerrichteter Betriebe; die Höhe der Amortisationsquote; die zulässigen Maximalkosten bei Beachtung der erforderlichen Versorgung der Wirtschaft).

Wir bitten unsere Kollegen in den Betrieben, VVB, Hochschulinstituten und wissenschaftlichen Zentren, aus ihrer Sicht und bei Auswertung der von ihnen gesammelten Erfahrungen zu den von NOWOSHILOW aufgeworfenen und anderen Problemen in der „Zeitschrift für angewandte Geologie" Stellung zu nehmen.

F. STAMMBERGER

Einer der Hauptfaktoren, welche die Ökonomik eines bergbaulichen Unternehmens beeinflussen, ist der Metallgehalt im geförderten Erz.

Die Abhängigkeit der Selbstkosten der gewonnenen Metalle von ihrem Gehalt sei am Beispiel des Bergwerks Kounrad dargestellt. In diesem Betrieb wurden die Selbstkosten je Tonne gewonnenes Erz von 1950 bis 1956 um 1,8% gesenkt, der Kupfergehalt fiel jedoch um 8%. Infolgedessen erhöhten sich die Selbstkosten des Kupfers im geförderten Erz um 6%. In den folgenden sechs Jahren (von 1956 bis 1962) verringerte sich der Kupfergehalt des Erzes um 31,3%; die Selbstkosten des geförderten Erzes dagegen nur um 0,4%; die Selbstkosten des Kupfers im geförderten Erz stiegen um fast 45% an. Wenn im Jahr 1956 jeder für die Erzgewinnung verausgabte Rubel noch 1 Rbl. 34 Kop. Gewinn brachte, sind es gegenwärtig für den gleichen Rubel nur 60 Kop., d. h., die Rentabilität hat sich um die Hälfte vermindert.

Wodurch wurde die schroffe Senkung des Metallgehalts im Fördererz hervorgerufen? Im Jahr 1956 wurden neue Konditionen für die Grube Kounrad bestätigt, in denen der Schwellengehalt für Kupfer um 20% herabgesetzt wurde. Nach diesen neuen Konditionen und auf Grund der durchgeführten Nacherkundung der Lagerstätte wurden die industriellen Erzvorräte neu berechnet und das technische Projekt verändert. Nach dem neuen Projekt vergrößert sich das Volumen der Abraumarbeiten und verringert sich der Kupfergehalt um 13%. Die Grundfonds des Betriebs wurden vergrößert. Alle technisch-ökonomischen Kennziffern des Betriebs verschlechterten sich.

Außerdem ging in diesem Bergwerk wegen der in den letzten Jahren zugelassenen Rückstände in den Abraumarbeiten die Erzförderung schroff zurück, und der Kupfergehalt im geförderten Erz ging stärker zurück, als im neuen Projekt vorgesehen war.

Es ist zu beachten, daß Kounrad hinsichtlich seiner Rentabilität eine Sonderstellung einnimmt. Sogar gegenwärtig, bei so stark verschlechterter Rentabilität, bringt die Grube für jeden verausgabten Rubel 60 Kop. Gewinn, weil durch die günstigen bergtechnischen Verhältnisse die Gewinnung im Tagebau bei geringem D:N-Verhältnis und mit hoher Arbeitsproduktivität durchgeführt werden kann.

Vor einigen Jahren machten Mitarbeiter des Metallurgischen Kombinats Dsheskasgan den Vorschlag, eine große Menge Außerbilanzerze abzubauen, weil sonst ein bedeutender Teil dieser Erze unterfahren werden und so verlorengehen könnte. Sie schlugen vor, den Schwellengehalt an Metall fast um die Hälfte zu senken. Dieser

[1]) Aus „Gorny shurnal", Nr. 4 (1963). — Übers.: R. HOECHST

Vorschlag wurde vom Volkswirtschaftsrat Karaganda, dem Ministerium für Geologie und Lagerstättenschutz und vielen anderen Organisationen der Kas. SSR aufgegriffen. Die Staatliche Plankommission der Republik hat den aus diesem Vorschlag zu erwartenden Effekt berechnet. Die Berechnungen haben gezeigt, daß bei Verwirklichung des Vorschlags das Land im Laufe von sieben Jahren eine ungeheure Menge Kupfer nicht erhalten würde, weil sein Gehalt im Fördererz um 20 bis 25% abnimmt. Dabei würde sich das Dsheskasganer Bergwerk aus einem gewinnbringenden Betrieb in einen verlustbringenden verwandeln. Die Volkswirtschaft würde einen Verlust von mehreren Dutzenden Millionen Rubeln erleiden. Es wurde für den Zeitraum von sieben Jahren auch der Schaden durch Verlust von Außerbilanzerzen berechnet. Dabei zeigte sich, daß die Kupferverluste in diesen nichtindustriellen Vorräten um ein Vielfaches geringer sind als die üblichen Verluste bei dem Abbau reicher industrieller Erze. Mehr noch, die Metallverluste wirken sich nur unbedeutend auf die Lebensdauer des Betriebes aus.

Die Staatliche Plankommission stand vor dem Dilemma, entweder heute der Volkswirtschaft ungeheuer zu schaden oder dem Verlust nichtkonditionsgemäßer Erze zuzustimmen, die vielleicht nach 50 Jahren die Lebensdauer des Betriebes um 4—5 Monate verlängern würden. Selbstverständlich wurde die zweite Entscheidung getroffen und das Leben hat ihre Richtigkeit bestätigt. 1962 wurde vom Staatlichen Institut für Buntmetalle (Giprozwetmet) das technisch-ökonomische Referat[2]) ausgewertet; es bewies, daß die Konditionen für das Dsheskasganer Erz nur nach dem Siebenjahrplanabschnitt verringert werden können, nachdem die Arbeitsproduktivität um das Dreifache gestiegen ist.

Die Herabsetzung der Konditionen, d. h. die massenhafte Einbeziehung von Außerbilanzvorräten in die Förderung, wird gegenwärtig vom Atschisaisker und Leninogorsker Kombinat sowie von einigen anderen Bergbaubetrieben der Buntmetallhüttenindustrie gefordert. Damit wird die Qualität der zu gewinnenden Erze zur Kernfrage der technischen Politik in der Buntmetallhüttenindustrie Kasachstans.

Zum besseren Verständnis dieser komplizierten Frage empfiehlt es sich zu überprüfen, wie es sich in den kapitalistischen Ländern mit der Qualität der geförderten Erze verhält. Dabei ist zu beachten, daß unter kapitalistischen Verhältnissen die metallreichen Lagerstätten nicht nur deshalb ausgebeutet werden, um die Differentialrente zu erjagen, sondern auch deshalb, weil in der kapitalistischen Wirtschaft selbst die armen Erze dem Grundbesitzer noch die absolute Rente und dem investierenden Kapitalisten den Durchschnittsprofit sichern müssen.

In unserer sozialistischen Wirtschaft, in der es keine Grundbesitzer und keine absolute Rente, keine Kapitalisten und kein Streben nach — mindestens — dem Durchschnittsprofit gibt, können niedrigere Konditionen für Erze verwendet und Reviere mit niedrigerem Metallgehalt ausgebeutet werden. Das ist ein großer Vorzug der sozialistischen Wirtschaft. Er gestattet es, bei gleicher Arbeitsproduktivität solche Reviere und Lagerstätten zur industriellen Nutzung heranzuziehen, die unter kapitalistischen Verhältnissen nicht bauwürdig sein würden. Daher ist eine gewisse Senkung des Metallgehalts in unseren Fördererzen, verglichen mit den kapitalistischen Ländern, völlig natürlich.

Wenn man den mittleren Kupfergehalt in den Erzen betrachtet, wie sie in den USA, Kanada, Chile und in anderen Ländern gefördert werden, kann geschlußfolgert werden, daß sich die im Tagebau abgebauten Lagerstätten in ihrem durchschnittlichen Metallgehalt von unseren Bergwerken nur wenig unterscheiden; in den Untertagebaubetrieben ist dieser Unterschied bedeutender. Er ist besonders groß für polymetallische Erze.

Ein so großer Unterschied erklärt sich nicht nur dadurch, daß in den kapitalistischen Ländern Lagerstätten abgebaut werden, die reicher sind als in der UdSSR, sondern hauptsächlich dadurch, daß bei uns massenhaft Außerbilanzerze in die Gewinnung einbezogen werden und der industrielle Minimal- und Schwellengehalt stark gesenkt wurden. Das macht sich besonders bei kleinen Bergbaubetrieben bemerkbar.

Die Selbstkosten für Konzentrate waren in den kleinen Betrieben der Polymetallindustrie Kasachstans bis 1958 rund 1,5—3mal höher als der Abgabepreis. Erst nachdem einige besonders verlustreiche Betriebe stillgelegt wurden, verringerten sich die Selbstkosten der Konzentrate in den kleinen Betrieben. Der Verlust je Rubel Warenproduktion betrug rund 30—40 Kop.

Kleine Betriebe (mit einer einzigen Ausnahme) sind auch gegenwärtig im wesentlichen nicht so sehr Produzenten von Blei als Produzenten von Verlusten. Eine Erhöhung des industriellen Minimums und Schwellengehalts für kleine Betriebe würde den durchschnittlichen Metallgehalt in den Fördererzen beträchtlich erhöhen und damit die Unrentabilität dieser Betriebe beseitigen.

Die Überprüfung der Konditionen, die Erhöhung des Gehalts in den Fördererzen sind jedoch nicht nur für kleine Lagerstätten aktuell, sondern auch für eine Reihe mittlerer und großer. Es darf nicht eine solche Situation zugelassen werden, bei der eine Tonne gefördertes polymetallisches Erz in den kapitalistischen Ländern 90 bis 250 kg Metall gibt und ungeheure Gewinne einbringt, bei uns dagegen nur 40—85 kg Metall und bedeutende Verluste.

Wenn wir die Dynamik der wesentlichen technisch-ökonomischen Kennziffern der Arbeit in den Aufbereitungen der polymetallischen Industrie Kasachstans für die Nachkriegsjahre einer Betrachtung unterziehen, so sehen wir, daß in der Rohstoffbasis der Blei- und Zinkindustrie in den fünfziger Jahren große Investitionen gemacht worden sind; infolgedessen vergrößerten sich die Grundfonds in dieser Industrie in kurzer Zeit um das Mehrfache. Es ist eine Umrüstung der Industrie auf der Grundlage einer fortschrittlichen Technologie und vervollkommneteren Technik erfolgt. Dadurch wurde es möglich, den Umfang der Erzförderung schroff und die Gewinnung von Metallen im Erz beträchtlich (jedoch halb soviel wie die Erzmenge) zu vergrößern. Auch das Metallausbringen hat sich in den Aufbereitungen bedeutend vergrößert, die Arbeitsproduktivität der Bergleute hat sich erhöht, und die Selbstkosten der Erzgewinnung sind gesunken.

Parallel dazu hat der Metallgehalt im geförderten Erz schroff abgenommen: Im Vergleich mit dem Jahr 1947

[2]) Etwa zu vergleichen mit der von der ZVK bei uns geforderten „industriellen Einschätzung" (D. R.)

ist er um mehr als die Hälfte gesunken. Das hat dazu geführt, daß das Tempo bei der Steigerung der Arbeitsproduktivität in der Metallgewinnung hinter der Arbeitsproduktivität bei der Erzförderung zurückgeblieben ist, d. h., die summare Arbeitsproduktivität ist langsamer gewachsen. So ist die Arbeitsproduktivität für Roherz gegenüber 1947 um das Dreifache, die für das geförderte Metall jedoch nur um 45% gestiegen. Das durchschnittliche jährliche Wachstum der Arbeitsproduktivität betrug für Erz 8,6%, für Metall jedoch nur 2,9%.

Noch schlechter steht es mit den Selbstkosten. Diese senkten sich je Tonne geförderten Erzes um 34%; für die Metalle jedoch haben die Selbstkosten nicht nur nicht abgenommen, sondern sind sogar um 55% gestiegen. Die Metallgewinnung pro 1 Mill. Rubel Grundfonds hat schroff abgenommen. Die Senkung des Metallgehalts in den Fördererzen, verglichen mit 1947, ist zum Teil durch den inzwischen erfolgten Abbau der oberen, reicheren Horizonte verursacht; in der Hauptsache geht sie jedoch auf die Senkung der Konditionen für industrielle Erze und auf die Einführung von Abbausystemen zurück, bei denen die Verdünnung durch taubes Gestein schroff zugenommen hat, und außerdem auf die Einbeziehung großer Mengen von Außerbilanzerzen in die Gewinnung.

Wenn die ungeheure Verdünnung — die sogen. „konstruktive" einbezogen — begleitet gewesen wäre von einer Anreicherung der gewonnenen Erze in Schweresuspensionen (Schwimm- und Sinkaufbereitung), wären die ökonomischen Ergebnisse anders ausgefallen. Die Einführung von Abbausystemen mit massenhaftem Zubruchwerfen (Blockbruchbau) in den Bergwerken wurde nicht mit der Anreicherung der Erze im Schwimm- und Sinkverfahren kombiniert, dennoch wurden in vielen Fällen pauschal, ohne ausreichende technisch-ökonomische Begründung, massenhaft taubes Gestein und Außerbilanzerze mitgefördert. Das alles hat die ökonomische Effektivität der Anwendung hochleistungsfähiger Abbausysteme herabgesetzt.

Die schroffe Reduzierung des Metallgehaltes in den geförderten Erzen entspricht in keiner Weise dem verhältnismäßig unbedeutenden Abfall des geologischen Metallgehalts der Bilanzvorräte. So hat sich der Metallgehalt der Bilanzvorräte in den Gruben des Leninogorsker Kombinats im letzten Jahrzehnt um 12—15%, in der Mirgalimsajsker Grube um etwa 18% gesenkt; in der Tekelijsker Grube blieb er im wesentlichen unverändert.

Am besten wurde das Abbausystem des Blockbruchbaus in den Gruben des Leninogorsker Kombinats angewendet. Dort hat sich das Volumen der Erzförderung schroff erhöht, die Arbeitsproduktivität (im Erz) wuchs; die Selbstkosten des geförderten Erzes wurden gesenkt usw.

Die Ergebnisse bei der Anwendung dieses Abbausystems hätten noch effektvoller sein können, wenn nicht massenhaft Außerbilanzerze in die Förderung einbezogen worden wären.

Überdies war im Leninogorsker Kombinat die Einbeziehung von 25—40% Außerbilanzerzen in die Förderung eine übliche Erscheinung. Es wurde wiederholt beobachtet, daß Außerbilanzerze 50—65% der Förderung ausmachten. Solch eine hohe Verdünnung hat zu einer bedeutenden Senkung des Metallinhalts im geförderten Erz und infolgedessen auch zur Verschlechterung der ökonomischen Kennziffern geführt. Im Vergleich mit dem Jahr 1947, in dem noch keine Aufwendungen für die Vorbereitung zum Blockbruchbau gemacht wurden, sind 1962 die Selbstkosten der Erzförderung um 42% zurückgegangen; die Selbstkosten für die in ihr enthaltenen Metalle haben sich hingegen auf das mehr als Eineinhalbfache vergrößert. Die bedeutende Abnahme des Metallgehalts in den geförderten Erzen hat dazu geführt, daß das Leninogorsker Kombinat, das viele Jahre lang zu den hochrentablen Betrieben gehörte, von 1950—1958 Verluste gebracht hat.

Das Absinken der Rentabilität war auch durch Veränderungen der ökonomischen Verhältnisse (Tarifsätze, Abgabepreise) bedingt, doch waren diese nicht entscheidend. Die massenhafte Einbeziehung von Außerbilanzerzen in die Erzförderung hat die Effektivität eines hochleistungsfähigen Abbausystems herabgesetzt. Ab 1958 wurde das Kombinat durch wachsendes Produktionsvolumen, Vergrößerung des Metallausbringens, Erhöhung der Qualität der Konzentration, weitere Vervollkommnung des Abbausystems, hauptsächlich jedoch durch die Erhöhung des Metallgehalts in den geförderten Erzen wieder zu einem rentablen Betrieb.

Die Erhöhung des Metallgehalts wurde durch die Einschränkung der in die Förderung einbezogenen Außerbilanzerze herbeigeführt. Als Ergebnis nahm 1958 der Gehalt an den Hauptmetallen, verglichen mit 1956 und 1957, um 12—15% zu.

In den sieben Jahren seiner verlustbringenden Arbeit hat das Kombinat der Volkswirtschaft des Landes einen Schaden in Höhe von mehr als 70% des Wertes aller Produktionsgrundfonds des Betriebs zugefügt.

Trotzdem strebt das Leninogorsker Kombinat mit Nachdruck die massenhafte Einbeziehung von Außerbilanzvorräten in die Förderung an, so weitgehend, daß der Betrieb im wesentlichen auf die Verarbeitung dieser Erze umgestellt werden soll. Das Kombinat hat das Kasachische Staatliche Institut für Buntmetalle (Kasgiprozwetmet) beauftragt, einen Konditionsentwurf für Erze aus mächtigen Erzkörpern der Leninogorsker und Sokolner Lagerstätten auszuarbeiten. Das Institut schlägt vor, den Schwellengehalt praktisch um die Hälfte zu senken.

Hauptargument der Autoren, die den Abbau der Außerbilanzerze begründen, ist, daß in Leninogorsk nur noch geringe Mengen an industriellen Vorräten anstehen und, um die Lebensdauer des Betriebes zu verlängern, bereits gegenwärtig auf den Abbau der Außerbilanzerze übergegangen werden muß. Ein Übergang zum massenweisen Abbau von Außerbilanzerzen führt zum Absinken der Produktion von Blei und Zink. Weil die Autoren des Projekts das verstehen, schlagen sie vor, die gegenwärtige Kapazität des Leninogorsker Kombinats für Förderung und Verarbeitung des Erzes um 50% zu vergrößern. Dazu sind nach den allerbescheidensten Berechnungen zusätzlich mehr als ein Dutzend Millionen Rubel erforderlich.

Es fragt sich, in wessen Namen derartig hohe Mittel zur Aufrechterhaltung des gegenwärtigen Produktionsniveaus investiert werden müssen, wenn für diese Mittel ein Tagebau auf einer reichen Lagerstätte errichtet werden kann, der zusätzlich fast ebensoviel Metalle liefern wird wie gegenwärtig das Leninogorsker Kombinat.

Es muß ferner noch beachtet werden, daß außerdem noch besondere Mittel zur Klärung des Umrisses der Außerbilanzerze erforderlich sind. Nach der Prognose des Instituts für Buntmetalle (Kazgiprozwetmet) erhöhen sich die Bilanzvorräte bei den gegenwärtigen Konditionen auf das Doppelte. Offensichtlich ist es zweckmäßiger, Kräfte und Mittel darauf zu verwenden, das Kombinat mit industriellen Vorräten normaler Metallgehalte zu versorgen.

Die Anhänger der Einbeziehung von Außerbilanzerzen in die Förderung argumentieren: Die Einbeziehung von Außerbilanzerzen sei in großem Maßstab und so lange zulässig, wie die Selbstkosten der Metalle in den Konzentraten niedriger sind als die bei getrennter Gewinnung des Erzes durch kostspielige Abbausysteme zu erwartenden Kosten. Auf den ersten Blick scheint es, daß diese Überlegungen unbestreitbar sind. In Wirklichkeit aber sind sie unrichtig.

Erstens: Warum muß man sich bei der Einführung eines hochleistungsfähigen Abbausystems darauf orientieren, daß die ökonomischen Ergebnisse im Niveau wenig leistungsfähiger, teurer Abbausysteme liegen? In diesem Fall wird von vornherein die ökonomische Effektivität der hochleistungsfähigen Abbausysteme nur in der Höhe des Niveaus wenig leistungsfähiger Gewinnungsmethoden vorgesehen.

Zweitens: Da der Blockbruchbau mit einer starken Verschlechterung der Erzqualität verbunden ist, muß sein ökonomischer Nutzeffekt mit dem der alten Abbausysteme hinsichtlich des Gewinnumfangs bei den vorhandenen Kapazitäten verglichen werden. In diesem Fall müssen die Selbstkosten der Metalle in den Konzentraten so weit gesenkt werden, daß die Summe der Gewinne bei der derzeitigen Kapazität des Betriebes nicht niedriger ist als bei den alten Abbausystemen. Tatsächlich müßte jedoch der Blockbruchbau größere Gewinne bringen. Bei einer solchen einzig richtigen Forderung zeigen die Berechnungen, daß, je mehr Außerbilanzerze in die Förderung einbezogen werden, um so weniger Metalle in den Konzentraten bei der vorhandenen Kapazität produziert werden, und um so weniger erzielt der Betrieb Gewinne.

Somit ist in der Regel die Einbeziehung von Außerbilanzerzen in die Förderung gegenwärtig ökonomisch nicht gerechtfertigt.

Eine durch bergtechnische Bedingungen erzwungene Gewinnung von Außerbilanzerzen fügt, wie jede Verdünnung des Erzes, der Volkswirtschaft Schaden zu. Deshalb müssen zur Verringerung dieser Art von Verdünnung die allerstrengsten Maßnahmen ergriffen werden.

Die Voraussetzung für eine mögliche Senkung der Konditionen wird in der selbstgängigen hochleistungsfähigen Ausrüstung, der Steigerung der Arbeitsproduktivität um ein Mehrfaches, den erheblichen Verbesserungen hinsichtlich der komplexen Rohstoffnutzung und in anderen Faktoren gesehen, welche im besten Fall erst nach 5—7 Jahren wirksam werden; die Außerbilanzerze werden jedoch leider bereits jetzt in die Förderung einbezogen.

Nach unseren Berechnungen führt bei den gegenwärtigen Verhältnissen die Gewinnung und Verarbeitung von Außerbilanzerzen im Kombinat von Leninogorsk neben einer scharfen Senkung der Produktivität des Betriebs in der Metallgewinnung zu einem Verlust von 2 Rbl. 30 Kop. bis zu 4 Rbl. je Rubel Warenproduktion.

Das Polymetallkombinat von Atschisaisk hat die Senkung der gültigen Konditionen für die Erze aus der Mirgalimsajsker Lagerstätte beantragt. Wenn die Vorschläge des Kombinats für die neuen Konditionen angenommen würden, verringerte sich der geologische Bleiinhalt im Zentralen Block um 34%, im Sankulsajsker Block um 11% und im Geneigten Block um 32%. Die Abnahme wird im Durchschnitt 30% betragen. Es sei erwähnt, daß das Kombinat von Atschisaisk wegen des Abbaus der Mirgalimsajsker Lagerstätte schon lange Zeit ein Verlustbetrieb ist. Von 1947 bis 1961 hat dieses Kombinat der Volkswirtschaft Verluste in einer Höhe zugefügt, die allen Produktionsgrundfonds des Betriebes gleichkommen. Der durchschnittliche jährliche Zuwachs der Arbeitsproduktivität beträgt für die Erzgewinnung im Kombinat 8,8% und 1,8% für Metall.

Wenn die Vorschläge des Kombinats angenommen würden, erhöhten sich unter den gegenwärtigen Bedingungen die Verluste fast auf das Doppelte. Der Bleiausstoß würde sich bei der vorhandenen Kapazität um 30—35% verringern.

Wo liegt die Ursache für die so hohe Verlustanfälligkeit der Mirgalimsajsker Bergwerksverwaltung? Vielleicht ist dort der Metallgehalt sehr niedrig? Davon kann keine Rede sein! In den drei obenerwähnten Blöcken ist der geologische Gehalt an Blei doppelt so hoch wie im Erz, das gegenwärtig gefördert wird.

Die Sache ist die, daß nach den geltenden Konditionen taube Zwischenmittel und Außerbilanzerze mit einer Mächtigkeit bis zu 5 m in die Bilanzerze einbezogen werden, wenn alle Bänke (im Parallel- und Zwischenlager) zusammengenommen einen Metallgehalt nicht unter dem Schwellengehalt besitzen. Die Einbeziehung tauber Zwischenmittel bis zu 5 statt bis zu 3 m Mächtigkeit wurde seinerzeit damit begründet, daß sich durch Einsatz selbstgängiger Ausrüstung hoher Leistungsfähigkeit und der damit verbundenen Erhöhung der Arbeitsproduktivität um das Dreifache die Selbstkosten für die Erzgewinnung um fast die Hälfte senken. Der umfassende industrielle Einsatz hochleistungsfähiger, selbstfahrender Ausrüstung ist offensichtlich erst in 5—7 Jahren zu erwarten; die Leiter der Mirgalimsajsker Bergwerksverwaltung haben jedoch, gestützt auf die bestätigten Konditionen, schon seit einer Reihe von Jahren beim Abbau massenweise Außerbilanzerze und taubes Gestein in die Förderung einbezogen. Würden die 5 m mächtigen tauben Gesteinsbänke nicht in die Förderung einbezogen, dann könnte der Metallgehalt in den Fördererzen gegenwärtig bei der vorhandenen Kapazität zusätzlich eine beträchtliche Bleimenge erbringen und die Arbeit des Betriebs rentabel gestalten. Mehr noch, es ist offensichtlich unzweckmäßig, die armen industriellen Erze mit einem Bleigehalt nahe dem industriellen Minimum im Parallel- und Zwischenlager dann abzubauen, wenn ein solcher Abbau mit stärkerer Einbeziehung tauber Gesteine und Außerbilanzerze in die Förderung verbunden ist. Die Verluste dieser Armerze wirken sich nicht wesentlich auf die Lebensdauer der Grube aus; ihre Gewinnung fügt jedoch der Volkswirtschaft des Landes unter diesen Verhältnissen selbst bei Verwendung selbstfahrender Ausrüstung einen empfindlichen Schaden zu. Unter diesen Umständen werden die ökonomischen Kennziffern für den Abbau nur des Hauptlagers außergewöhnlich effektiv sein: Die Arbeitsproduktivität erhöht sich für Metall um fast 60%, die Selbstkosten für Blei in den Konzentraten sinken um die Hälfte.

Die Konditionen für die Lagerstätte Mirgalimsajsk dürfen nicht herabgesetzt werden. Umgekehrt, solange das Bergwerk Mirgalimsaisk noch nicht völlig auf hochleistungsfähige, fahrbare Ausrüstung umgestellt ist, müssen die geltenden Konditionen erhöht und die Einbeziehung der Gesteinsbänke und Außerbilanzerze in die Förderung stark eingeschränkt werden. Die Konditionen müssen in erster Linie für das Parallel- und das Zwischenlager erhöht werden. Das verringert unwesentlich die Vorräte an Blei im Erz, erhöht aber bedeutend den mittleren Metallgehalt in den geförderten und zu verarbeitenden Erzen. Dadurch wird der Betrieb rentabel werden. Die Konditionen für Mirgalimsajsker Erz müssen auch aus einem anderen Grunde erhöht werden: Die Umstellung auf neue Abgabepreise ab 1964 erhöht den Verlust des Kombinats.

Ein Beispiel für die nichtgelungene Anwendung eines hochleistungsfähigen Abbausystems ist das Tekelijsker Bergwerk, in dem der Metallgehalt besonders schroff abgesunken ist.

Im Tekelijsker Bergwerk enthalten die Polymetallerze eine große Menge Schwefel und neigen zur Selbstentzündung. Dennoch wurden dort Abbausysteme mit massenweisem Bruchbau angewendet, wodurch sich die ökonomischen Kennziffern des Betriebes bedeutend verschlechtert haben. Allein in den letzten fünf Jahren hat das Kombinat über 25 Mill. Rbl. Verluste (im neuen Preismaßstab) und seit 1947 insgesamt 58 Mill. Rbl. erbracht.

Wenn in wenigen der ersten Jahre vorübergehend das Erzfördervolumen und die Metallmenge im Erz gewachsen sind, so ist die Metallförderung in den letzten Jahren stark zurückgegangen. Dabei ging die Arbeitsproduktivität eines Arbeiters in der Erzgewinnung um 5% und in der Metallförderung um 68% gegenüber dem Jahr 1947 zurück. Die Selbstkosten der Erzförderung sind um 41% und die für 1 t geförderten Metalls um das 4,2fache gestiegen. Der Metallgehalt ist im Fördererz um 66% gesunken.

Vom Jahre 1952 an wurden im Tekelijsker Kombinat sehr große Investitionen durchgeführt; die Grundfonds haben sich gegenüber 1960 verdoppelt. Der Nutzen erwies sich als überaus niedrig.

Wenn die Menge des im Jahre 1952 geförderten Metalls pro 1 Mill. Rbl. Grundfonds als Einheit genommen wird, hat sie im Jahre 1960 etwas weniger als ein Drittel betragen.

Es ist nicht nötig, ausführlich auf die Tätigkeit anderer Polymetallbetriebe einzugehen, weil bereits die bisherigen Darlegungen einige Schlußfolgerungen gestatten. Von 1947 bis 1960 haben die drei betrachteten Kombinate (Leninogorsk, Atschisaisk und Tekelijsk) dem Staat einen Gesamtverlust von 170 Mill. Rbl. (im neuen Preismaßstab) zugefügt. Für diese Mittel hätten drei bis vier große Aufbereitungsanlagen errichtet werden können.

* * *

Das weitere Wachstum der Produktion in den Bergbaubetrieben der Buntmetallhüttenindustrie, die Steigerung der Arbeitsproduktivität, die Senkung der Selbstkosten für die Produktion und die Erhöhung der Rentabilität in der Industrie sind mit der komplexen Anwendung einer hochleistungsfähigen, selbstfahrenden Ausrüstung in Verbindung mit hochproduktiven Abbausystemen und der Anreicherung in Schweresuspensionen (Schwimm- und Sinkanlagen) verbunden. Das erfordert jedoch viel Zeit und hohe Aufwendungen. Infolgedessen werden diese Maßnahmen im großen industriellen Maßstab bestenfalls bis 1967 realisiert werden können. Die Erhöhung des Produktionsausstoßes mit den vorhandenen Kapazitäten und der Übergang auf rentable Betriebsführung sind jedoch innerhalb kurzer Fristen und ohne zusätzliche Aufwendungen durch wesentliche Verbesserungen der Qualität der Fördererze zu verwirklichen; auf dieses Ziel müssen die Kollektive der Bergbaubetriebe im laufenden Siebenjahrplan orientiert werden. Es ist dazu notwendig,

1. in der Regel eine Gewinnung von Außerbilanzerzen zu verbieten; in Fällen, in denen die bergtechnischen Verhältnisse und die gewählten Abbausysteme ihre Hereingewinnung unvermeidlich machen, müssen allerstrengste Maßnahmen zu ihrer Einschränkung ergriffen werden;

2. die Gewinnung von armen, in ihrem Gehalt an das industrielle Minimum herankommenden Erzen nicht durchzuführen, weil sie zu großer Verdünnung durch taubes Gestein und Außerbilanzerze führen; die Gewinnung solcher Erze kann nur in den Fällen gestattet werden, wenn ihre Gewinnung unvermeidlich und ökonomisch gerechtfertigt ist, wenn die Verluste an industriellen armen Erzen die Lebensdauer des Betriebs beträchtlich einschränken oder wenn ihre Gewinnung im Hinblick auf Begrenztheit der Vorräte für die Volkswirtschaft des Landes als unbedingt notwenig anzusehen ist; ferner zur Verhütung von Raubbau sowie möglichen anderen groben Verstößen gegen die Interessen des Staates;

3. die Einführung der Aufbereitung in Schweretrüben nach industriellen Maßstäben in solchen Betrieben zu forcieren, in denen durchgeführte Untersuchungen positive Ergebnisse gezeitigt haben; forcierte Forschungsarbeiten sind für die Erze anderer Lagerstätten durchzuführen, wo die Anwendung der Aufbereitung in Schweretrüben (auf Schwimm- und Sinkanlagen) zweckmäßig ist; das ermöglicht, die ökonomischen Kennziffern für die Aufbereitung ganz wesentlich zu verbessern und in einigen Fällen ärmere Erze in die Gewinnung und Verarbeitung einzubeziehen;

4. bei Berücksichtigung des Umstands, daß in einer Reihe von Fällen die Konditionen auf Grund der perspektiven Entwicklung der Produktionstechnologie und der Arbeitsproduktivität berechnet werden, die frühestens erst nach 5—7 Jahren erreicht werden können, einen Zeitplan für den Abbau der Lagerstätten auszuarbeiten und zu bestätigen, der eine rentable Arbeit

Zeitschrift für angewandte Geologie, Bd. 10 (1964) Heft 3

des Betriebs bei der gegenwärtigen Produktionstechnologie gewährleistet; zu diesem Zweck muß ein jährliches Ausschußminimum bestätigt werden;

5. um einen Anreiz zur Gewinnung von Erzen mit hoher Qualität zu schaffen, die Staatliche Plankommission der UdSSR zu bitten, die Planungsordnung im Erzbergbau zu verändern, nicht die Förderung von Erz, sondern die Förderung von Metallen im Erz zu bestätigen; davon ausgehend, das System der Prämiierung zu verändern, um die leitenden und ingenieurtechnischen Mitarbeiter der Bergbaubetriebe anzuspornen, ihre Anstrengungen nicht auf die Gewinnung von Haufwerk, sondern auf die Förderung von Metallen zu richten.

Gesetzmäßigkeiten der Erdölakkumulation in den Sedimentationsbecken[1)]

RUDOLF MEINHOLD, Freiberg (Sa.)

1. Einleitung

Eines der wichtigsten Probleme der Erdölgeologie ist der Mechanismus der Akkumulation. Es sind mehrere Hypothesen aufgestellt worden, die jedoch immer nur die eine oder andere der Kräfte, die in der Erde zur Bewegung eines Flüssigkeitsteilchens zur Verfügung stehen, für wichtig halten. Diese Bewegungskräfte resultieren aus Unterschieden des hydrostatischen und hydrodynamischen Drucks, des Gebirgsdrucks, der Schwerkraft, der Kapillardrücke, der Reibungs- und Adhäsionskräfte. Alle diese Kräfte wirken zusammen, aber dieses Zusammenwirken ist schwer überschaubar, so daß das Bestreben verständlich ist, den beherrschenden Vorgang zu finden und ihn in einer Akkumulationstheorie darzustellen.

Die Zahl der Kombinationen wird dadurch stark vermehrt, daß auch für die Erdölentstehung mehrere Hypothesen bestehen, selbst wenn wir die anorganische als wenig wahrscheinlich weglassen. Eine Hypothese nimmt an, daß nur selten auftretende geologische und geochemische Bedingungen, besondere Druck- und Temperaturbedingungen, für die Erdölentstehung notwendig sind, d. h. aber, daß die Zahl der möglichen Muttergesteine klein ist. Die vielen übereinanderliegenden Speichergesteine müßten dann durch eine vorwiegend vertikale Migration gefüllt worden sein. Die „Tiefenhypothese" behauptet, daß die Erdölbildung nur in großen Tiefen möglich ist, daß es dort als eine Art Kondensat anfällt und unter dauernder Umwandlung die Speicher füllt, also auch durch vertikale Migration z. B. auf Klüften. Schließlich behauptet eine dritte Hypothesengruppe, daß die Erdölbildung bald nach der Ablagerung geeigneter Sedimente beginnt und keine außergewöhnlichen Verhältnisse erfordert, sondern solche, die in vielen Ablagerungsräumen herrschen. Die einzelnen Speicher werden dabei durch laterale Migration aus den Schichten des betreffenden stratigraphischen Verbandes gefüllt.

Die Art der Migration erweist sich daher als eine Kardinalfrage, sowohl bei der Genese als auch bei der Akkumulation der KW[2)]. Wichtig ist hierbei der vorherrschende Vorgang, der andere Möglichkeiten durchaus nicht auszuschließen braucht. Lokale Verhältnisse sind deshalb ungeeignet für die Beantwortung dieser Frage, nur ein weltweiter Überblick und eine Analyse vor allen Dingen der Riesenlagerstätten der Erde können uns den optimalen Vorgang entschleiern helfen. Im folgenden soll versucht werden, einige Gesetzmäßigkeiten aufzufinden, durch Beispiele zu belegen und daraus Schlußfolgerungen für den Akkumulationsvorgang zu ziehen.

2. Die physikalischen Voraussetzungen

Da wir die organische Theorie der Erdölentstehung als richtig voraussetzen, ergeben sich gleichzeitig einige andere Voraussetzungen. Da eine autochthone Entstehung der Lagerstätten aus lokalen Quellen aus vielen Gründen als unwahrscheinlich zu betrachten ist, muß man eine Akkumulation aus fein im Gestein verteilten KW annehmen, die wiederum fein verteilter organischer Substanz entstammen. Hier ist besonders auf WASSOJEWITSCH (1955) zu verweisen, der diese Theorie besonders eingehend behandelt hat. Einschränkend gegenüber WASSOJEWITSCH sei hier nur bemerkt, daß das von diesem Autor als wesentlich für die Erdölgenese erachtete „Mikronaphtha" aus den in den Organismen vorgebildeten KW keine entscheidende Rolle spielt; die zahlreichen Untersuchungen rezenter Schlämme, die in den letzten Jahren durchgeführt wurden, fanden keine KW von C_2 bis C_{13}, die doch in den Erdölen den Hauptanteil ausmachen. Zumindest dieser Teil muß später entstanden sein. Selbst die bitumenreichsten Ablagerungen, die von manchen Geologen als die alleinigen Muttergesteine angesehen werden, müßten die dort gebildeten KW noch in einer solchen Verdünnung enthalten, daß ohne Migration keine Akkumulation möglich ist. Hier beginnen sich bereits die physikalischen Schwierigkeiten zu türmen.

Da ist zuerst die Auswanderung aus dem Muttersediment. Wir wissen noch nicht, in welcher Form sie erfolgt, ob die KW gasförmig, flüssig oder gelöst auswandern. Aber ganz unabhängig vom Transport muß am Anfang ein KW-Teilchen in einem sehr feinkörnigen Sediment stehen. In einem solchen Sediment ist eine freie Bewegung nur bei hinreichender Permeabilität möglich, d. h. am Anfang der Kompaktion, lange bevor die einzelnen Teilchen des Tons oder Mergels oder eines anderen feinstkörnigen Sediments eine feste Packung gebildet haben. Durch Untersuchungen nach verschiedenen voneinander unabhängigen Methoden (Elektronenmikroskopie, Ultrazentrifugierung) hat WITHERSPOON nachgewiesen, daß das Erdöl kolloidale Partikel enthält. Bisher kennt man solche aus der Gruppe der Asphaltene, welche einen Durchmesser von im Mittel 100 Å haben. Damit sich solch ein Teilchen noch frei bewegen kann, muß die Kapillare ein Vielfaches an Durchmesser haben. Die Tonplättchen eines Tongesteins haben andererseits eine Dicke von ca. 1 μ = 10000 Å. Eine Packung solcher Plättchen würde zwar Kapillaren von eben dieser Größe zulassen, die Mehrzahl wird aber viel kleiner sein. Porenverteilungskurven für Ton sind m. W. wegen der großen Schwierigkeiten bisher noch nicht gemessen worden, so daß wir über die wahren Größen wenig Bescheid wissen. Die Abschätzung zeigt aber, daß wir uns in einem verfestigten Tongestein hart an der Grenze bewegen, an

[1)] Auszug aus einer bei der Mathem.-Naturwiss. Fakultät der Bergakademie Freiberg eingereichten Habilitationsschrift.
Als Vortrag gehalten auf dem Berg- und Hüttenmännischen Tag, Freiberg 1963. Eingang des Manuskripts in der Redaktion: 14. 10. 1963.

[2)] „KW" hier und im folgenden als Kurzform für Kohlenwasserstoffe

der ein einzelnes KW-Teilchen noch beweglich ist. Da aber gerade für die höheren KW die Adsorption im Gestein hoch ist, kann man sich nur eine geringe Chance ausrechnen, daß Aggregate von solchen Partikeln das Muttergestein verlassen können, falls dieses schon in den verfestigten Zustand mit vielleicht 25% Porosität übergegangen ist. Das entspricht nach den Kompaktionskurven von WELLER (1959) etwa einer Versenkungstiefe des Sediments von ca. 1000 m.

Eine Chance besteht aber in einem wassererfüllten Medium wegen der Kapillardruckunterschiede. Für ein Gestein von der Korngröße von 1 μ kann man sich einen Kapillardruckunterschied von 4 at errechnen, wenn man in die Formel für die kapillare Verdrängungskraft

$$p_c = \frac{c \cdot \gamma \cdot \cos \alpha}{d}$$

(c = dimensionsloser Faktor ≈ 16, γ = Grenzflächenspannung = 25 dyn/cm, Kontaktwinkel α, $\cos \alpha \approx 1$) für den mittleren Korndurchmesser den Wert $d = 10^{-4}$ cm einsetzt. Ist eine Kapillare dieser Größe mit Öl gefüllt, dann kann ihr Inhalt Wasser aus einer größeren Pore verdrängen, ist aber dann gefangen, weil dieselbe Kraft nötig ist, um das Tröpfchen durch eine enge Kapillare weiterzutreiben. Erst große Gradienten, erzeugt durch Kompaktion und Porenzusammenpressung, könnten ein Weiterwandern ermöglichen. Diese Schwierigkeiten sind so groß, daß wir mit einigem Recht annehmen können, daß die Auswanderung bereits während der Frühdiagenese erfolgt. Der Weg, den KAPELJUSCHNIKOW und WASSOJEWITSCH vorgeschlagen haben, nämlich eine Auswanderung in gasförmiger Phase bei Überdeckung von 1500 m, ist auch nicht gangbar, da nach den Untersuchungen von MEINSCHEIN (1959) das Erdöl hochpolymere, komplizierte Verbindungen enthält, die denen der Organismen gleichen und die nicht durch eine Gasphase gegangen sein können.

Im Speichergestein, in dem die Akkumulation zu einer Lagerstätte erfolgen soll, sind die physikalischen Schwierigkeiten ähnlich. Auch hier muß Deformationsarbeit geleistet werden, um ein Tröpfchen aus einer Pore durch einen Kanal in eine andere zu treiben. Erst wenn eine kontinuierliche Phase von einiger Länge entstanden ist, welche einen ausreichenden Druckunterschied zwischen ihren Enden einbringt, der zum Weiterbewegen ausreicht, ist die Kraft vorhanden. Eine Rechnung nach der bekannten Formel für die kapillare Verdrängung zeigt, daß bei einem normalen Sandstein mit Porengrößen von 0,01 cm und Verbindungskapillaren von 0,005 cm sowie 3° Schichtneigung eine kontinuierliche Phase von fast 7 m Länge nötig ist.

Aller Schwierigkeiten wäre man ledig, wenn man von Anfang an eine kontinuierliche Phase hätte. Eine solche ist aber das Wasser, das nach Tausenden von Druckmessungen in Bohrungen, welche hydrostatischen Zustand anzeigen, und nach Beobachtungen an den Gesteinen selbst in großen Schichtkomplexen eine kontinuierliche Phase bildet. Dazu müßte aber gefordert werden, daß das Öl gelöst im Wasser oder in feinsten Emulsionen transportiert wird.

Es ist ferner zu beobachten, daß zwischen Entstehung des Speichergesteins, der möglichen Muttergesteine und der Erdölakkumulation oft lange geologische Zeiten liegen. Daß aus den Ursprungsgesteinen über lange geologische Zeiträume immer wieder neu Erdöl entsteht, ist unwahrscheinlich, weil die Permeabilität im Muttergestein wesentlich früher so klein wird, daß eine Flüssigkeitsbewegung im Gestein unmöglich ist. Das Öl müßte also latent vorhanden sein, bis geeignete Möglichkeiten eine Akkumulation gestatten. Außer Umlagerung älterer Lagerstätten könnte hier ebenfalls die Lösung im Wasser helfen. Nach der Ansicht von WASSOJEWITSCH und anderen Forschern ist erst eine Überdeckung von 1500 m nötig, damit Erdöl auswandern und akkumulieren kann. Damit wären hier die langen Zeiträume zwischen Sedimentablagerung und Lagerbildung erklärt, nicht aber die vielen bewiesenen Fälle syngenetischer Akkumulation, auch rezenter Art, wie von KIDWELL & HUNT (1958) nachgewiesen.

3. Der Transport der KW in gelöster Form

Die Löslichkeit von KW in flüssiger Form ist im allgemeinen gering, sie liegt in der Größenordnung von 0,02% und ist selektiv; Asphaltene werden z. B. leichter gelöst als Paraffine. Bei dem vorhandenen großen Überschuß an Wasser könnte diese Löslichkeit als ausreichend betrachtet werden. Andere Stoffe, wie z. B. $CaCO_3$, haben eine noch kleinere Löslichkeit, aber ihr Transport in gelöster Form wird von keinem Geologen bezweifelt.

Eine wichtige Stütze für den Transport der KW in gelöster Form bilden die Ergebnisse von BAKER (1962). Er versuchte, die bereits früher gefundene bimodallognormale Verteilung der Molekülgrößen in Erdölen in Zusammenhang zu bringen mit selektiver Micellenlöslichkeit. Auch hier hatten ältere Arbeiten nachgewiesen, daß die Micellen von Seifen organischer Säuren eine bimodale Verteilung haben, sie bestehen aus kleinen ionischen und großen neutralen Micellen. BAKER konnte nachweisen, daß ein Zusammenhang zwischen der Verteilung der Micellengrößen der Seifen und den durch sie gelösten KW besteht. Paraffinische, naphthenische und aromatische KW haben in den zwei Micellenarten verschiedene Löslichkeit; niedermolekulare n-Paraffine sind in neutralen Micellen löslicher als in ionischen, naphthenische KW haben gleiche Löslichkeit in beiden Arten, aromatische KW können nur von den größeren neutralen Micellen in Lösung gehalten werden. In den Seifensolen waren deshalb die Paraffine und Naphthene im allgemeinen bimodallognormal verteilt, die Aromaten lognormal. Eine solche Lösung könnte lange Zeit bei wenig geänderten geochemischen Verhältnissen stabil sein, unbeweglich im Gestein verharren, bis geeignete Bewegungskräfte durch Kompaktion oder tektonische Einflüsse geschaffen worden sind. Da Erdölsäuren und überhaupt Fettsäuren ohne Zweifel vorhanden sind (viele moderne Beobachtungen sprechen dafür, daß hauptsächlich die Fettsäuren das Ausgangsmaterial für die Erdöle darstellen) und die notwendigen Alkalien auch im Gestein vorhanden sein können, ist eine Bildung solch natürlicher Seifen wahrscheinlich. Mit diesem Mechanismus wären die Hauptschwierigkeiten beseitigt. Da das Wasser eine praktisch unendlich lange Phase bildet, genügen auch kleine Potentialgradienten, um es durch das Gestein zu bewegen. Die einzelnen neutralen

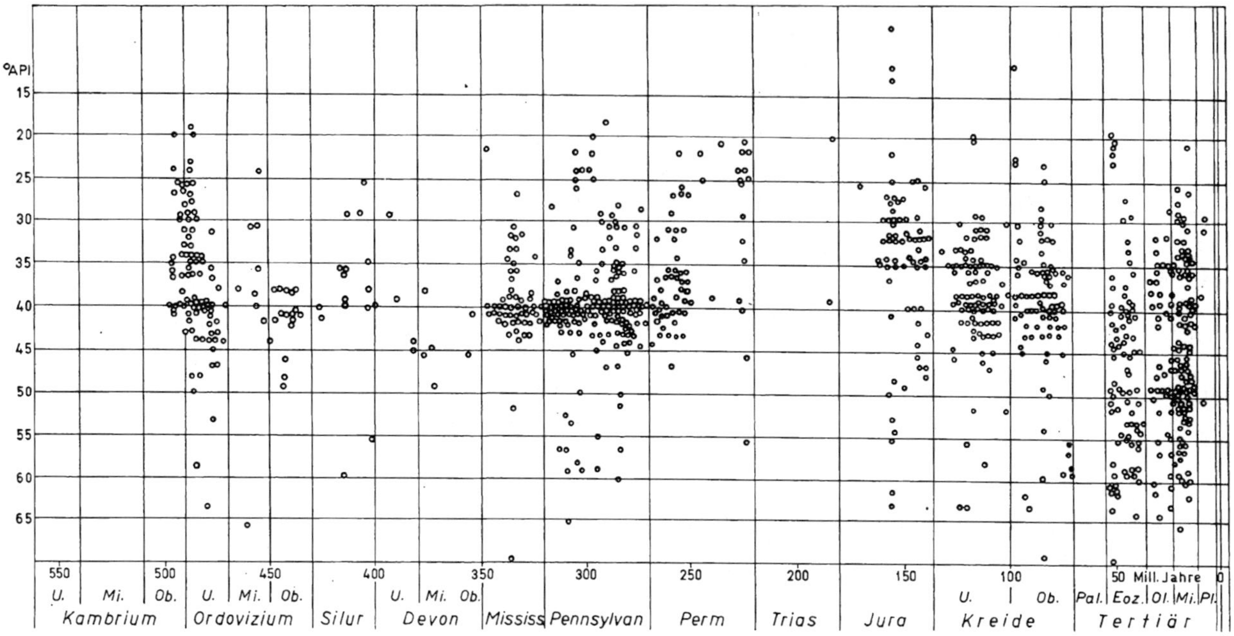

Abb. 1. Abhängigkeit der Erdöldichten vom Alter

USA, Europa, Venezuela; Funde 1960

Mizellen (Seifenmicellen + KW) haben etwa Größen von im Mittel 6000 Å, die ionischen noch keine 100 Å, sie können somit die Verbindungskanäle eines normalen Speichersandsteins, die im Mittel $5 \cdot 10^5$ Å weit sein mögen, passieren. Sogar ziemlich dichte, schluffige Gesteine oder Karbonate mit Kapillaren von ca. $5 \cdot 10^4$ Å könnten noch mit einiger Mühe durchflossen werden. Die gelösten oder feindispers transportierten KW können wieder frei werden 1. durch Änderung der p-T-Bedingungen, 2. durch instabil werdende Mizellen. Änderung der p-T-Bedingungen kann in vielen Fällen nicht der entscheidende Faktor sein, so muß also der zweite oder ein anderer Grund angenommen werden, z. B. Änderung der Dissoziation, Änderung des Ionengehalts. Für entlöste KW-Teilchen folgt dann Trennung und Akkumulation entsprechend den physikalischen Gesetzen. Auch Zeitunterschiede sind damit erklärt. Solange die Lösungen oder Emulsionen stabil sind und die notwendigen Potentialgradienten vorhanden sind, können weite laterale Wanderungen erfolgen. Notwendig ist natürlich noch, daß sich in Richtung der fallenden Potentiale auch ein permeabler Weg öffnet, der vielfach verschlungen und gewunden sein und vielleicht auch von einem stratigraphischen Verband in einen anderen führen kann.

4. Statistische Verteilung der Ölqualitäten

Um die Wanderungsrichtung der Erdöle im Gestein festzulegen, sind oft Veränderungen der Ölqualitäten herangezogen worden. Verschiedene Ansichten stehen sich hier gegenüber.

a) Die jüngsten, „unreifen" Öle sind schwere, naphthenische, asphaltische Öle. Unter Einfluß von Druck und Temperatur sowie auf Grund thermodynamischer Vorgänge werden sie im Laufe der Zeit und bei tieferer Versenkung immer paraffinischer und leichter. Diese Ansicht ist besonders von BARTON (1943) vertreten worden.

b) Die jungen Öle sind paraffinische Leichtöle, bei Annäherung an die Oberfläche werden sie durch Oxydation harz- und asphaltenreicher. Diese Hypothese ist besonders durch KREJCI-GRAF in vielen Arbeiten vertreten worden.

c) Die ursprünglich schweren, jungen Öle verlieren bei der Wanderung durch das Gestein wegen der Absorption und wegen Reibungskräften ihre schwereren Bestandteile, so daß im Verlauf der Wanderung die Öle immer leichter werden. Das ist die Ansicht sehr vieler Geologen.

d) Die Öle wandeln sich wenig um, die beobachteten Qualitätsunterschiede beruhen auf Unterschieden im Ausgangsmaterial [Hypothese besonders von HLAUSCHEK (1937) vertreten].

e) Katalytische Wirkungen der Tonsubstanzen im Gestein wirken umwandelnd, so daß mit der Tonzunahme beckenwärts auch die leichteren Öle zunehmen.

Bei dieser verwirrenden Vielfalt der Hypothesen scheint es kaum möglich, die Ölqualitäten zur Verfolgung des Migrationswegs heranzuziehen. Um Klarheit zu erlangen, müßte man eine große Anzahl, einige tausend, Erdölanalysen vergleichen. Dafür aber ist die Zeit noch nicht gekommen. Es existieren zwar riesige Mengen von Analysen, die aber wegen der Vielfalt der Methoden nicht miteinander vergleichbar sind und meist nur die leichten Fraktionen verschiedener Abgrenzung betreffen. Der Grund sind die noch immer großen prinzipiellen Schwierigkeiten bei der Analyse der schweren Fraktionen. Man müßte sich auf einen

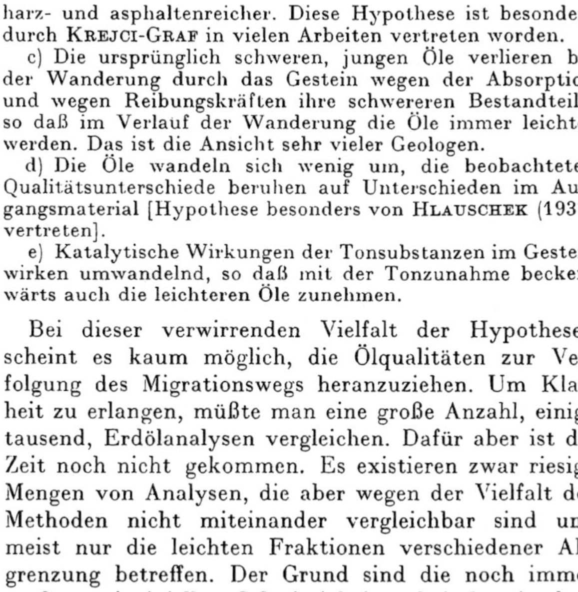

Abb. 2. Abhängigkeit der Dichte von der Tiefe

1958—1960 entdeckte Lagerstätten

Kennwert beschränken, z. B. den physikalischen Wert der Dichte, hierfür sind viele tausend vergleichbare Werte vorhanden. Dieser Wert ist allerdings nicht ideal, er stellt keine sehr enge Beziehung zum Chemismus her, und die Streuung ist beträchtlich. Immerhin ist die Beziehung zum Chemismus doch noch eng genug, daß bei einer statistischen Verarbeitung von einigen tausend Werten der Streubereich an Wichtigkeit verliert und doch allgemeine Gesetzmäßigkeiten herauskommen müßten.

In den Diagrammen (Abb. 1 u. 2) sind mehr als 3000 Öldichten statistisch untersucht worden. Um einen Auswahleffekt zu vermeiden und möglichst zufällige Werte zu bekommen, wurden die in dem „Bulletin of the American Association of Petroleum Geologists" jährlich veröffentlichten Daten über neugefundene Lagerstätten verarbeitet. Sie betreffen hauptsächlich Nord- und Südamerika und Westeuropa; für andere Gebiete wurden verschiedene Publikationen herangezogen, um das Material zu ergänzen. Ein gewisser Auswahleffekt ist nicht ganz zu vermeiden, da in dem untersuchten Zeitraum einige Gebiete, wie z. B. die Golfküste in USA, stark erkundet wurden und deshalb diese Öle etwas stark ins Gewicht fallen. Ferner werden sehr schwere, nichtgewinnbare Öle nicht als Funde gezählt und fehlen sonach. Trotzdem ergibt sich eine interessante Gesetzmäßigkeit, die aus den Abb. 1 und 2 zu ersehen ist:

a) Eine Abhängigkeit der Öldichten vom geologischen Alter der Speicher besteht nicht.

b) In den einzelnen Systemen besteht keine gesetzmäßige Abhängigkeit von der Teufe.

c) Bei Verarbeitung des Gesamtmaterials ist eine Abhängigkeit von der Teufe schwach zu erkennen, sie ist aber nicht systematisch, vielmehr haben die Kurven in einer gewissen Teufe einen Knick. Die Verteilungskurve zeigt drei Gipfel, die auch bei der Wahl anderer Zeitabschnitte herauskommen.

Um die Bedeutung dieses Knicks genauer zu erkunden, wurde die Häufigkeit der Typen in den einzelnen Tiefenintervallen aufgetragen. Dabei ergibt sich (Abb. 3) die interessante Tatsache, daß drei Öltypen herauskommen, die mit der Teufe keinesfalls leichter werden, daß aber neben dem „Normalöltyp" von ca. 40° API ein schwerer Typ vorkommt, der vornehmlich in geringeren Teufen vorhanden ist, und ein Leichtöltyp, der vorwiegend in größeren Teufen beheimatet ist. Drei Gipfel ergeben sich auch für einzelne Systeme und Formationen (Abb. 4a und b).

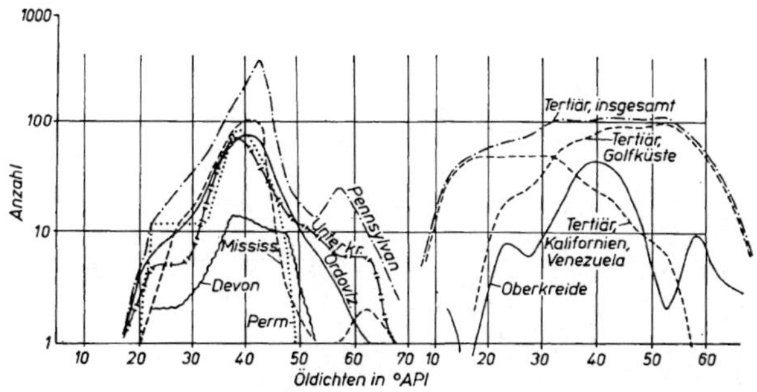

Abb. 4a. Verteilungskurven der Öldichten in verschiedenen Systemen

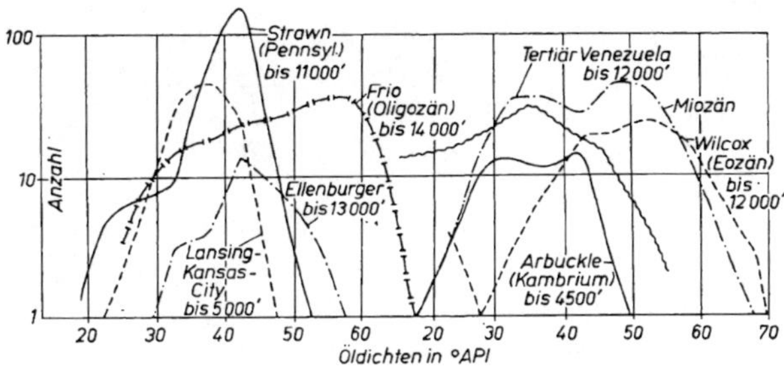

Abb. 4b. Verteilungskurven für verschiedene Formationen

(In Kurvenform dargestellte Histogramme)

Diese trimodale Verteilung kann nicht so erklärt werden, daß sich ein „Urerdöl" nach und nach umwandelt; denn dann müßte eine normale GAUSSsche Verteilung zu beobachten sein. Die Erklärung könnte die sein, daß ein ehemals einheitliches Öl in drei Typen gespalten wird, die sich wegen ihrer unterschiedlichen Beständigkeit in verschiedenen Tiefenzonen erhalten, oder es sind von Anfang an drei verschiedene Typen vorhanden. Eine Abhängigkeit der Öldichten von der Teufe besteht aber in dem angenommenen Sinne (BARTON 1934) nicht.

Auch in begrenzten Gebieten findet sich diese Dreigipfligkeit, z. B. im Wolga-Ural-Gebiet (Abb. 5). Daß dieser Befund chemisch verursacht ist, unterliegt keinem Zweifel, das zeigen z. B. die Untersuchungen von

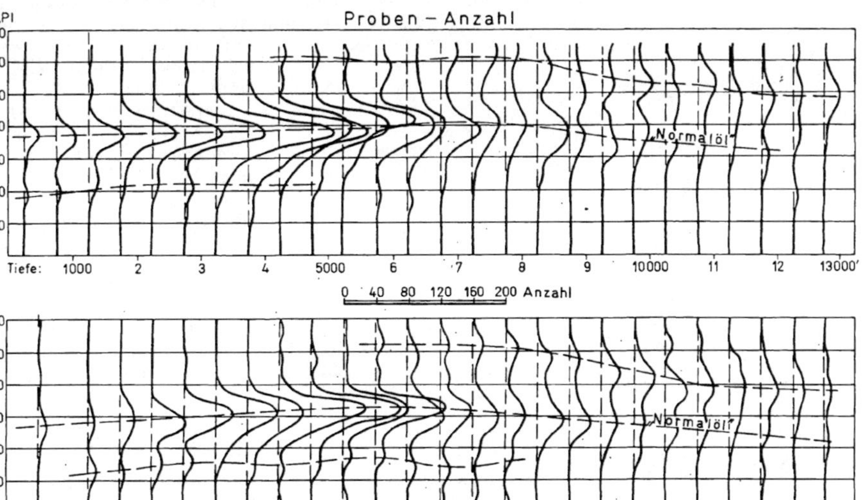

Abb. 3. Anzahl der gefundenen Erdöle in Abhängigkeit von der Dichte in °API

Geordnet nach Tiefenstufen von 500 zu 500 Fuß
Oben: 1958 u. 1959; unten: 1960 u. 1961

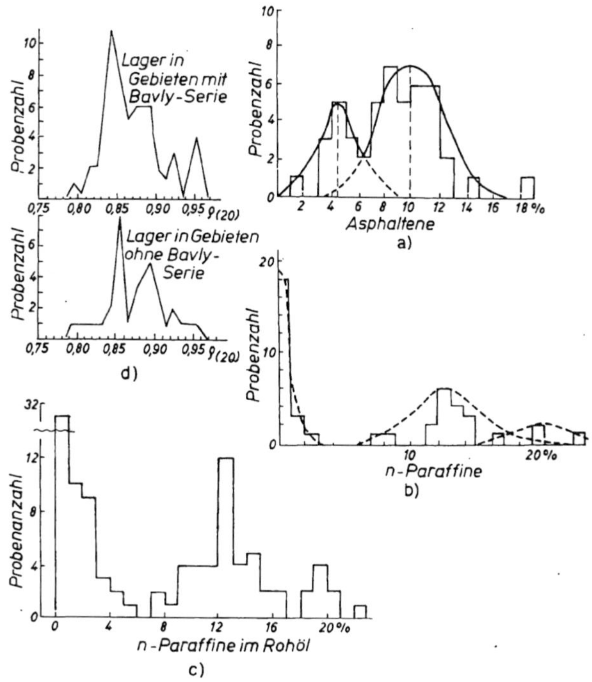

Abb. 5. Verteilungskurven für einige Komponenten im Venezuelaöl (n. BRENNEMAN) und Dichteverteilung für sowjetische Öle (n. MIRTSCHINK)

a — Venezuela, Häufigkeitsverteilung der Asphaltene im Rohöl; b — Venezuela, Häufigkeitsverteilung der n-Paraffine der Fraktion > 205°C; c — Venezuela, Häufigkeitsverteilung der n-Paraffine im Rohöl; d — Verteilungskurven der Erdöldichten in allen Kalksteinspeichern des Ural-Wolga-Gebiets

BRENNEMAN (1960) über die venezolanischen Erdöle, in denen verschiedene Komponenten eine 2- oder 3gipflige Verteilung haben (Abb. 5). Auch der Schwefelgehalt, als Funktion vom Gehalt an Harzen + Asphaltenen (Abb. 6), zeigt eine deutliche bimodale Verteilung.

Die Ursachen für diese Verteilungsspektren sind im Rahmen der hydrodynamischen Theorie zwanglos zu erklären:

a) Durch die selektive Lösung und Entlösung an den verschiedenen Mizellenarten können verschiedene Typen von Erdölen entstehen. Dies wurde bereits im 3. Kapitel erörtert und findet hier erneut eine Stütze.

b) Durch den Transport der KW in einem chemisch und biologisch aktiven Medium treten weitere Umwandlungen ein, welche diese Tendenz verstärken (Schwefelung der Öle, Neubildung von Harzen und Asphaltenen).

Wenn der zuletzt genannte Vorgang einen entscheidenden Einfluß hat, dann müßten sich die Öle im Verlauf der Migration verändern. Es wäre damit ein Werkzeug geschaffen, um die Migrationsrichtung festzustellen und Aussagen über die Akkumulation zu machen. Die Hypothese soll deshalb im folgenden genauer betrachtet werden.

5. Veränderungen der Ölqualität bei der Migration

Bereits im Jahre 1951 hat LOEGTERS bei den Erdölen des Emslandes auf die Gesetzmäßigkeit hingewiesen, nach der die randnäheren Öle schwerer und reicher an Asphaltenen und Harzen sind als die der randferneren, und führte dies auf die Migrationsentfernung zurück. Auch in anderen Becken war diese Gesetzmäßigkeit lange erkannt, meist aber als Einfluß der geochemischen Umgebung gedeutet. Erst die Mitarbeiter des französischen Erdölinstituts haben sich eingehender experimentell und theoretisch mit dem Problem beschäftigt (BIENNER, LOUIS u. a. 1955, BETTUZZI, VIDAL & VAN EGGELPOEL 1959, VAN EGGELPOEL 1960). Diese Arbeiten wiesen nach, daß sich die Erdöle im Verlaufe der Wanderung durch das Gestein mit Harzen, Asphaltenen und Schwefel anreichern.

Nach den herrschenden Vorstellungen, die ausgesprochen oder unausgesprochen von einem porenfüllenden KW-Medium ausgehen, ist ein solcher Befund unerwartet. Die physikalischen Kräfte im Gestein, Reibung, VAN-DER-WAALS-Kräfte und Adsorption, müßten die schwereren Moleküle zurückhalten und die leichteren leichter passieren lassen. VAN EGGELPOEL (1960) versucht deshalb, beide Prinzipien zu verknüpfen, indem er den genannten physikalischen Effekt bejaht, der eine Anreicherung der leichten Komponenten an der Migrationsfront schafft. Zugleich aber läßt er das thermodynamische Gesetz von MATIGNON eingreifen, nach dem ein Übergang zu den thermodynamisch stabileren Methankohlenwasserstoffen angestrebt wird. Da die Geschwindigkeit dieses Vorgangs von der Konzentration stark abhängt, ist die Umwandlung an der Migrationsfront am stärksten. Diese Erklärung kann geologisch nicht befriedigen. Ein solcher Vorgang müßte zeitabhängig sein; alte Leichtöle in den Becken, die sich dort heute noch finden, müßten längst umgewandelt sein. Außerdem nimmt mit den Harzen und Asphaltenen auch der Schwefel zu, das ist ebenfalls mit diesem Prinzip schwer zu erklären. Aber gerade diese Schwefelung läßt die Mitwirkung anderer Reaktionen vermuten, etwa die Mitwirkung desulfurizierender Bakterien (Desulfovibrio) sowie Oxydation durch Sauerstoffgehalt oberflächennaher Wässer. Auch hierfür gibt es eine Menge stützender Beobachtungen. Aus sehr vielen Beispielen ist bekannt, daß unter Einfluß der Wässer die Öle an Dichte, an Harzen, Asphaltenen und Schwefel zunehmen. Meist nimmt die Dichte der Öle in den Lagerstätten am Kontakt mit dem Randwasser merklich zu, und sehr viele Beispiele sind bekannt, wo unter dem Einfluß von Oberflächenwässern die Öle oxydieren und sich schwere Typen bilden. Besonders KREJCI-GRAF hat sich in zahlreichen Arbeiten für diese Hypothese eingesetzt. Für die Mitwirkung von Bakterien sprechen auch moderne Isotopenuntersuchungen des Schwefels (THODE, MONSTER und DUNFORD 1958, HARRISON und THODE 1958). Die z. T. angetroffenen anomal hohen Verhältnisse S^{34}/S^{32} werden auf bakterielle Reduktion von Sulfaten zurückgeführt, wobei eine Fraktionierung der Isotope und eine Anreicherung des schweren Isotops S^{34} stattfindet. Auch die von JEREMENKO & PANKINA (1962) durchgeführten Untersuchungen zeigten systematische Änderungen in Richtung der Migration, die mit dem Sulfatgehalt des Wassers direkt nichts zu tun haben. Experimentell konnte aber nachgewiesen werden, daß bei der bakteriellen Spaltung von Sulfaten zu H_2S eine Anreicherung des schweren Isotops stattfindet.

Die Untersuchungen der Kohlenstoffisotope durch SILVERMAN (1962) ergaben außerdem, daß bei der fraktionierten Destillation die Benzinfraktion das höchste Verhältnis C^{12}/C^{13} hat. Auch hier muß man bei normalen Prozessen mit großer Stabilität der Isotopenverhältnisse rechnen. Auch hier ist bekannt,

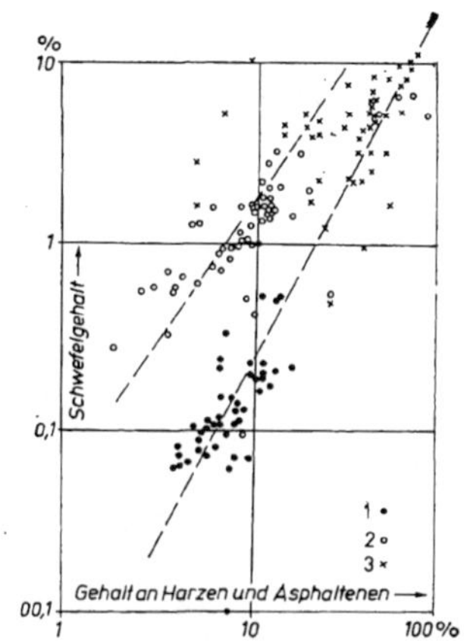

Abb. 6. Funktionelle Abhängigkeit zwischen Schwefelgehalt, Harzen und Asphaltenen

1 — kanadische Öle, 2 — sowjetische Öle, 3 — italienische Öle

daß nur durch Lebensprozesse (Bakterien) eine Fraktionierung der Isotope möglich ist. In diesem Fall ist die Anreicherung von C^{12} im Benzin vermutlich so zu erklären, daß aus einem Urerdöl mittlerer Zusammensetzung die langen Ketten der schweren Fraktionen bakteriell gespalten wurden. Das spricht also wiederum für einen Prozeß, der bereits auf Grund anderer Überlegungen gefolgert worden war.

Wenn die Beobachtungen richtig sind, daß bei der Wanderung im Gestein die Öle an Harzen und Asphaltenen zunehmen, dann erhebt sich die Frage, warum die genannten physikochemischen Kräfte nicht in der zu fordernden Weise wirksam werden. Auch hier ist die Antwort leicht, wenn man die Hypothese vom Transport in Lösung annimmt. Bei der starken Verdünnung und der kolloiden Form der Lösung, in der die KW transportiert werden, stehen sie nur jeweils im Gleichgewicht mit dem Lösungsmittel. Die physikochemischen Kräfte der Gesteinsoberfläche, von dem sie durch ein dickes Wasserpolster getrennt sind, können nicht wirksam werden, wohl aber sind sie dem Angriff der Bakterien stark ausgesetzt. Ganz anders sieht es aus, wenn Öl das porenfüllende Medium ist, dann müßten sich unter Umständen genau umgekehrte Einwirkungen erkennen lassen, die durch die obengenannten physikochemischen Kräfte verursacht wurden. Es besteht also ein grundlegender Unterschied in der Umwandlung der Öle bei der weiten lateralen Migration im Speichergestein gegenüber der Wanderung und Umlagerung der Öle in einer Lagerstätte.

6. Hydromechanischer Zustand der Sedimentationsbecken

Unter den gegebenen Potentialverhältnissen in den Schichten der Erdkruste können folgende Fälle unterschieden werden:

a) Das Becken befindet sich im hydrostatischen Zustand, es ist als ein großes artesisches Becken aufzufassen. Diese Verhältnisse sind von BROD, BARS u. a. mehrfach untersucht worden. In diesem Fall befindet sich im ungestörten Zustand das Wasser in Ruhe. Die KW in ihm müßten, falls die Druckgradienten und die Potentiale der Teilchen dazu ausreichen, randwärts und in die regionalen Hochlagen wandern.

b) Die tieferen Teile des Beckens erleiden durch die Kompaktion eine größere Porenreduktion als die Randgebiete. Das Wasser samt den darin gelösten Teilchen muß randwärts und in Richtung auf die stagnierenden Zonen wandern.

c) Einzugs- und Entlastungsgebiet des Beckens haben eine beträchtliche Höhendifferenz. Die tieferen Schichten geben durch Kompaktion Wasser ab. Es überlagern sich also zwei Bewegungen, eine aufwärtsgehende aus dem Becken randwärts und eine schichtparallele in Richtung Entlastungsgebiet. Der schichtparallele Fluß der wenig konzentrierten, meteorischen Wässer ist dann auf eine Zone beschränkt, in der dessen hydrodynamischer Gradient die Wirkung des durch die Kompaktion verursachten Flusses mehr als kompensiert, es wird eine Zone mittlerer Tiefe sein. KW können sich akkumulieren in Strukturen der Tiefenzone, in regionalen, stagnierenden Hochlagen und in Strukturen in der Nähe des Entlastungsgebiets, falls in ihnen stagnierende Verhältnisse herrschen.

Die angegebenen Gesetzmäßigkeiten müssen sich auch im Charakter der Wässer äußern. In stagnierenden Zonen, in denen über lange Zeiten ein Ionenaustausch mit dem Gestein möglich ist, müssen sich die Wässer mit Salzen stark anreichern; Zonen mit hydrodynamischen Gradienten müssen wenig konzentrierte Wässer enthalten. Nach der vorgetragenen hydromechanischen Hypothese wäre demnach folgendes zu erwarten:

a) In intrakratonischen Becken ohne mobile Ränder müßten während des größten Teils der geologischen Geschichte stabile hydrostatische Verhältnisse herrschen. Deshalb sind hochkonzentrierte Wässer zu erwarten. Durch aufsteigende Kompaktionswässer können an den Rändern verdünnte Zonen vorhanden sein.

b) Becken des geosynklinalen Bereichs mit kräftiger Orogenese müßten dadurch gekennzeichnet sein, daß häufiger hydrodynamische Verhältnisse herrschen mit kräftiger Flutung der Gesteine, also stagnierende Wässer nur in entsprechenden Strukturen, sonst wenig konzentrierte Wässer.

7. Beispiele zur Prüfung der Hypothese

Alberta-Becken, Kanada (Abb. 7)

Seit der Kreide war dieses Gebiet Vortiefe des Felsengebirges; vorher war es Schelfgebiet am Westrand des Kontinents. Seine eigentliche Geschichte als selbständiges Becken ist also nachlaramisch. Erst dann konnten sich ausreichende Gradienten für die weitreichende Migration bilden. Faltungen spielen, abgesehen von der mobilen Randzone, im Becken keine Rolle. Die meisten Lagerstätten finden sich daher in lithologischen Fallen, vorwiegend in Riffen und den Auskeilzonen von Sandsteinen. Die ruhige Sedimentation während der Schelfzeit und die stark verzahnten Sandsedimente der Vortiefenzeit schufen die Möglichkeit für weitreichende Migration. Die Öle entstanden in der Schelfzeit, und zwar in den evaporitisch-bituminösen

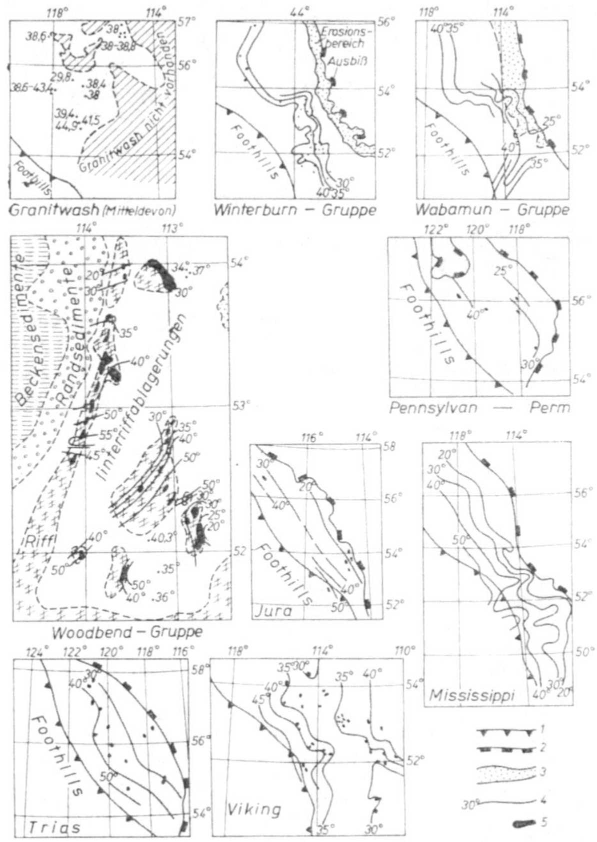

Abb. 7. Dichteverteilung der Öle; Alberta-Becken (n. HITCHON u. a. 1961)

1 — Überschiebung der Foothills, 2 — Ausbiß, 3 — Erosionsrand, 4 — Linien gleicher Öldichte in °API, 5 — Erdöllagerstätten

Serien des Devons (41%) und in den stark verzahnten Sedimenten nach dem letzten Meereseinbruch der Kreide (39% der Vorräte). In allen Formationen nahmen, ganz unabhängig von der Paläogeographie der Entstehungszeit, die Öldichten in Richtung des heutigen Randes zu — bei gleichzeitiger Zunahme an Harzen und Asphaltenen (HUTCHISON u. a. 1961). Das Extrem sind die Totöle am Athabaska River mit etwa 50 Mrd. t Vorräten. Entgasung in Oberflächennähe und Einfluß der Oberflächenwässer haben vermutlich mitgeholfen, diese extremen Bedingungen zu schaffen.

Die Wanderung der Öle in nachlaramischer Zeit aus dem Becken nach den Randzonen läßt sich im Kleinen wie im Großen beobachten. Auch in den einzelnen Riffzügen und Strukturen nehmen die Öldichten und die damit zusammenhängenden Qualitätsänderungen von der Beckenseite nach der Randseite gesetzmäßig zu (HODGSON & BAKER 1959).

Williston-Becken

Seit dem Paläozoikum ist dieses Gebiet ein intrakratonisches Becken. Im Kambrium lag es hoch auf dem Westschelf des Kontinents, wurde aber bereits im Ordovizium ein selbständiges Becken, durchlief von Oberpennsylvan bis Jura eine Festlandsperiode, war nach der Transgression der Unterkreide, die aus der großen westlichen Geosynklinale erfolgte, noch einmal Schelf der letzteren, wurde aber bald wieder ein selbständiges Becken etwa von der alten Form.

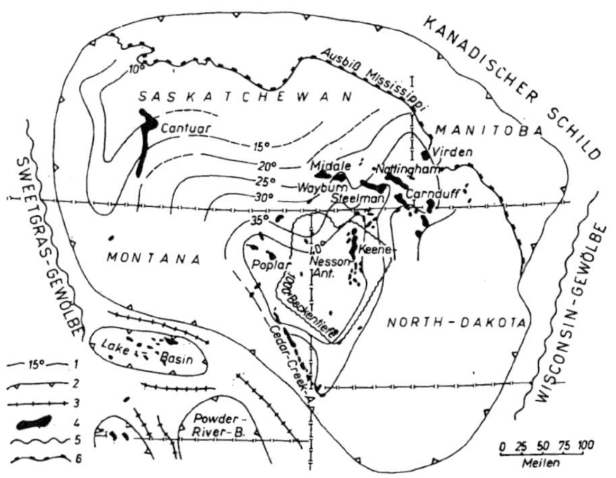

Abb. 8. Williston-Becken — Tektonik, Lagerstätten und Erdöldichten in °API

1 — Linien gleicher Dichte, 2 — Beckenränder, 3 — Aufwölbungsachsen, 4 — Erdöllagerstätten, 5 — Rand der Gewölbe, 6 — Ausbißlinie (kleingeschlängelte Linie entspricht 10000′ Beckentiefe)

Nach den laramischen Bewegungen wurde es landfest. Die Sedimente sind typisch für die kratonischen Verhältnisse: karbonatische, vielfach dolomitische Gesteine großer Ausdehnung, Evaporite, red beds, Quarzsandsteine und Flachwassertone. Erdöl findet sich in den evaporitischen Serien des Ordoviziums, Silurs, Devons, in der Madisongruppe des Mississippi und im Jura sowie in Quarzsandsteinen der Unterkreide.

Das Becken sank kräftig ein und erhielt seine Form in der Oberkreide. Die Erdöllagerstätten darin werden in ihrer Anordnung von diesen letzten Bewegungen bestimmt. Das zeigt die genau konzentrische Anordnung der Erdölqualitäten (Abb. 8) entsprechend der heutigen Beckenform. Stagnierende Wässer und Lagerstätten des Altpaläozoikums finden sich im Beckentiefsten. Die Randzone ist bis zu einer gewissen Tiefe geflutet und enthält schwächer konzentriertes Wasser (MEINHOLD: Erdölgeologie, Abb. 10). Die Fallen sind beckenwärts weit über ihr Fassungsvermögen gefüllt, was auf starke laterale Migration hinweist. Innerhalb der Lagerstätten finden sich noch viele Wasserinseln, was diese Beobachtung unterstützt (SMITH 1958).

Die Beobachtungen können so gedeutet werden, daß die Akkumulation im Becken nicht vor den laramischen Bewegungen erfolgte; denn die Anordnung der Lagerstätten

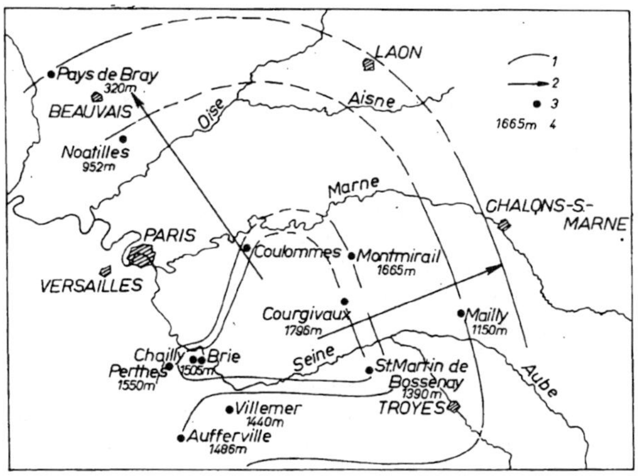

Abb. 9. Das Pariser Becken. Erdöle des Bathonien (n. V. EGGELPOEL)

1 — Linien gleicher Umwandlung der Erdöle, 2 — Migrationsrichtung, 3 — Erdöllagerstätten, 4 — Tiefe des Speichers in m u. NN

hält sich eng an die damals entstandene Beckenform. Die Migration erfolgte vom Becken nach der Randzone. Entsprechend zeigen die Ölqualitäten ein konzentrisches Muster. Auf weite laterale Migration weisen auch Lagerstätten wie Keene-Nesson. Ihre Ölführung reicht in den sanften Wölbungen und Strukturnasen weit beckenwärts und übertrifft bedeutend das Fassungsvermögen dieser wenig ausgeprägten Fallen. Gute Speicher zwischen den Ölhorizonten führen Wasser. Vertikale Migration hat keine Rolle gespielt.

Andere intrakratonische Becken

Weitere Becken mit ausgeprägter zonarer Anordnung der Ölqualitäten finden sich im Pariser Becken (Abb. 9), auf der Arabischen Tafel, im Wolga-Ural-Gebiet (Abb. 10). Auch das Niedersächsische Becken macht keine Ausnahme.

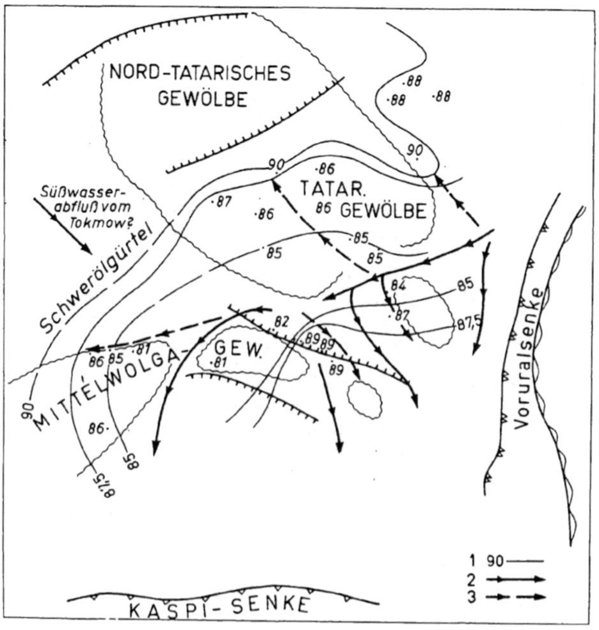

Abb. 10. Ural-Wolga-Gebiet. Akkumulationsrichtung

1 — Linien gleicher Öldichte (Dichte × 100), Oberdevon; 2 — vermutete Fließrichtung der Untergrundwässer; 3 — vermutete Migrationsrichtung der Erdöle des Oberdevons

Das Maracaibo-Becken

Auch die Becken im geosynklinalen Bereich zeigen die gleichen Gesetzmäßigkeiten. Das Maracaibo-Becken wurde im Turon und Coniac in die Geosynklinale einbezogen. Kennzeichnend sind die La-Luna-Formation mit ihren schwarzen bituminösen dichten Kalken und schwarzen schluffigen Tonen und die Colon-Formation mit schwarzen pyritischen Tongesteinen. Später wird das Becken mit mächtigen Massen detritischen Materials aufgefüllt. Ausgesprochen marine Verhältnisse herrschten eigentlich nur noch im Eozän. Der Anteil an speicherfähigen Gesteinen ist sehr hoch. Weite laterale Wanderungen waren möglich. Die Untergrundwässer sind nur schwach mineralisiert, die Mitwirkung hydrodynamischer Gradienten bei der Akkumulation ist daher anzunehmen. Am Rande des Beckens im Miozän und Eozän liegt eine der größten Lagerstätten der Erde, das Bolivar-Feld. Auch hier ist eine zonare Anordnung der Ölqualitäten ausgeprägt (Abb. 11). Die Öle entstammen z. T. der Kreide, z. T. dem Eozän und sind über die miozän-eozäne Diskordanz in höhere Schichten eingewandert, was sich auch an den Ölqualitäten verfolgen läßt (Abb. 12). Mitbestimmend war eine regionale Hochlage, die Maracaibo-Plattform, die bis Anfang Miozän bestanden hat. Bewegungen sind aber noch bis zum Pleistozän nachweisbar. Die starke Versenkung der Schichten im anschließenden südlichen Teil des Beckens im Tertiär im Betrage von ca. 10000 m für die Basis Tertiär schuf die notwendigen Gradienten für die Migration.

Auch im Ostvenezuela-Becken, ebenfalls ausgefüllt mit großen Massen detritischen Materials, nehmen die Öldichten randwärts zu. Die Lagerstätten liegen an Verwerfungen, einem System von Dehnungsrissen, wobei alle Akkumulationen, ganz unabhängig von der Höhenlage der einzelnen Schollen, an der beckenwärtigen Seite liegen. Die Wässer sind brackisch bis marin (Abb. 13). Alle Beobachtungen deuten auf laterale Migration, Untersuchungen der Ölqualitäten an den Verwerfungen zeigten überdies, daß die Klüfte nicht Zubringer sein konnten.

Zusammengefaßte weitere Beispiele

Aus dem umfangreichen untersuchten Material sollen kurz einige weitere Beispiele angeführt werden:

Regionale Hochlagen in Becken sind bevorzugte Akkumulationszonen in allen Riesenlagerstätten der Erde, und zwar: Al-Hasa-Struktur in Arabien, Gewölbe von Wargla in der Sahara, Osttexas-Feld, Sabine-Aufwölbung, Zentral-Plattform im Perm-Becken, Nemaha-Ridge und Ozark

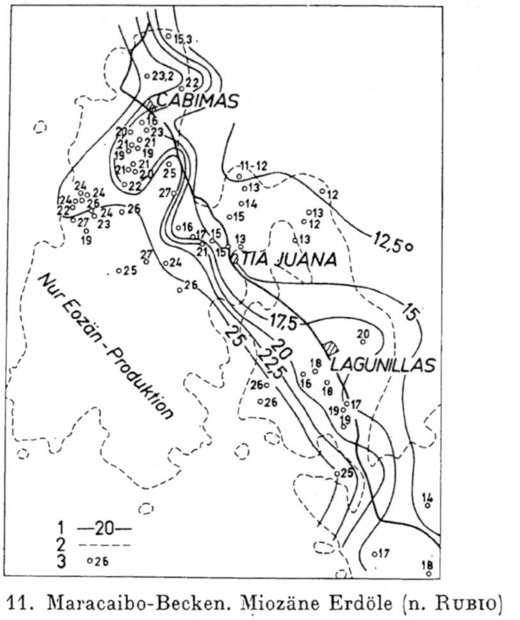

Abb. 11. Maracaibo-Becken. Miozäne Erdöle (n. RUBIO)

1 – Linien gleicher Dichte; 2 – Grenze der Produktion; 3 – Entnahmesonde, Öldichte °API

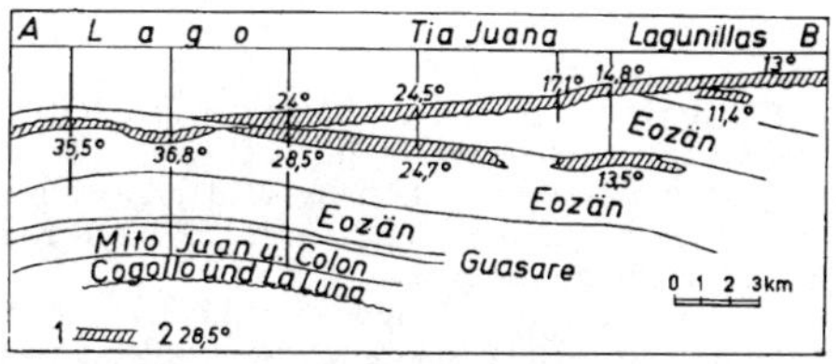

Abb. 12. Bolivar-Lagerstätte. Dichteverteilung (n. YOUNG u. a. 1956)

1 – Erdöllager, 2 – Öldichten in °API

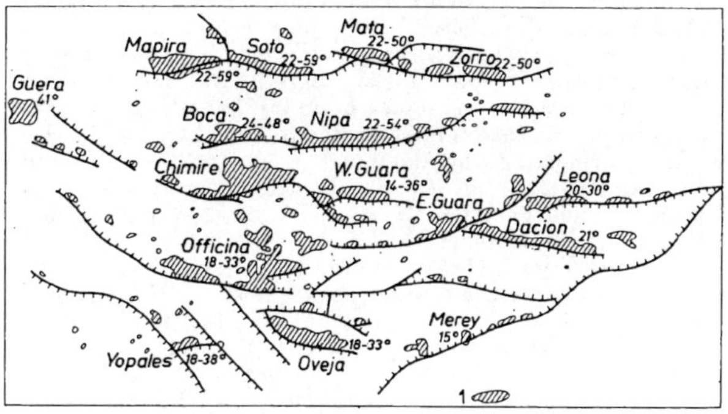

Abb. 13. Officina-River. Öldichten in °API (n. YOUNG u. a.)

1 – Öllagerstätten

Dome sowie Barton-Arch im Midcontinent-Revier, Hochlage von Panhandle-Hugoton, die Bend-Aufwölbung in Texas, das Tatargewölbe im Wolga-Ural-Gebiet, La-Salle-Antiklinale in Illinois und viele andere.

Zonare Anordnung der Ölqualitäten finden sich u. a. außer in den genannten Beispielen: im Perm-Becken (Texas), im Powder-River-Becken, im Bighorn-Becken, im Wind-River-Becken, in den kalifornischen Becken, in der Randsenke der Zagros-Ketten (Irak und Iran), im Perm-Becken (Sowjetunion). Keine zonare Anordnung und vorwiegend wenig umgewandelte Leichtöle finden sich in Becken mit vorwiegend lithologischen Fallen und linsenförmigen Speichergesteinen, z. B. im Denver-Becken, im tieferen Golfküstenbecken, im Appalachischen Becken, im Zechsteinbecken und anderen. Hochkonzentrierte Wässer finden sich allgemein in den intrakratonischen Becken und sehr alten Vortiefen, wenig konzentrierte in intramontanen Becken, vorzugsweise zur alpidischen Orogenese gehörend.

8. Schlußfolgerungen

Aus den mitgeteilten Beobachtungen lassen sich folgende Thesen aufstellen:

1. Es gibt keine Abhängigkeit der Ölqualitäten von der Tiefe; vorhandene Tendenzen sind stark durch andere Vorgänge überdeckt.
2. Es gibt keine Abhängigkeit der Ölqualitäten vom geologischen Alter; auch hier sind vorhandene Tendenzen stark überdeckt.
3. Wohl aber gibt es neben dem Normalöl von ca. 40° API noch einen leichten und schweren Typ, wovon letzterer vorzugsweise in Oberflächennähe vorkommt und bakterieller Tätigkeit und Oxydation sein Dasein verdankt. Der leichte Typ kommt vorzugsweise in größerer Tiefe vor, er ist in Oberflächennähe weniger beständig und stellt vielleicht eine unabhängig entstandene, gasreiche Varietät dar.
4. Während der Wanderung durch das Gestein wandeln sich die Öle um, sie bilden Harze und Asphaltene und reichern sich mit Schwefel an. Die Ursache sind Oxydation und bakterielle Tätigkeit.
5. Der bevorzugte Akkumulationsvorgang sind weite laterale Migrationen. Spaltenmigration ist ein sekundärer Vorgang.
6. Die weite Migration erfolgte in gelöster Form. In kontinuierlicher Ölphase bewegen sich die Öle nur in den

Lagerstätten oder bei Umlagerungen von einer Falle in eine andere bei tektonischen Vorgängen.

7. Wegen der Wanderung in Lösung wurden Reibungs- und Adhäsionskräfte nicht wirksam.

8. Die Auswanderung aus dem Muttergestein erfolgt frühzeitig mit dem reichlich vorhandenen Wasser aus der Kompaktion der Tonsedimente.

9. Die Lösungen können lange stabil bleiben, so daß eine Akkumulation erst lange nach Entstehung der Lösung entstehen kann.

10. Die Öle gehen aus Lösung, wenn die lösenden Mizellen instabil werden infolge Entladung unter geänderten physikochemischen Bedingungen. Solche können sich in den stagnierenden Bereichen der Fallen finden.

11. Da sich alle Flüssigkeiten im Gestein nach jedem tektonischen Vorgang dem neuen Gleichgewicht anpassen müssen, bestimmt die letzte tektonische Deformation größerer Art, welche das Gebiet betroffen hat, die Lagen der Lagerstätten. Es sind dies die Ränder der Becken in der heutigen Form und die heutigen regionalen Hochlagen. Davon ausgenommen sind alle Lager, die sich in stabilen lithologischen Fallen befinden. Hier spielen die Sedimentationsbedingungen die entscheidende Rolle.

12. Junge Becken im geosynklinalen Bereich und kräftiger Faltung enthalten wenig konzentrierte Wässer. Dagegen haben die Zentren der intrakratonischen Becken hochkonzentrierte Wässer. Die Ursache sind hydrodynamische Vorgänge.

13. Riesenlagerstätten können sich nur bilden, wenn weite Migrationen möglich sind. Die Öle sind meist entsprechend metamorphosiert. Wo solche Wanderungen nicht möglich sind, erhalten sich Leichtöle von stark paraffinischem Charakter, aber die Lagerstätten sind meist klein.

14. Da laterale Migration der beherrschende Vorgang ist, kann weder die Hypothese von der Tiefenentstehung noch die von den exzeptionellen geochemisch-geologischen Bedingungen für die Hauptmenge des Öls zutreffend sein.

Zusammenfassung

Der Mechanismus der Akkumulation von Kohlenwasserstoffen ist noch weitgehend unbekannt. In vorliegender Arbeit wird versucht, dazu einen Beitrag zu liefern. Ausgehend von geochemischen Beobachtungen, der statistischen Auswertung von Ölqualitäten und ihrer regionalen Verbreitung und aus der Analyse einer größeren Anzahl von Erdölbecken konnte gefolgert werden, daß die Ölqualitäten nicht von der Tiefe und vom Alter abhängen, wohl aber von der Migrationsweite. Das ist dadurch verursacht, daß die Öle kolloidal gelöst in einer kontinuierlichen Wasserphase wandern und dabei dem Angriff von Sauerstoff, Sauerstoffverbindungen und von Bakterien ausgesetzt sind. Nur ein Transport in flüssiger Phase erklärt, weshalb die am weitesten gewanderten Öle die meisten Harze und Asphaltene enthalten, also am schwersten sind. Damit ist aber auch die Möglichkeit geschaffen, den Migrationsweg zu verfolgen. Eine Analyse vieler Gebiete mit diesen Hilfsmitteln zeigt, daß weite laterale Migration der vorherrschende Vorgang bei der Bildung großer Lagerstätten ist.

Резюме

Механизм накопления углеводородов в большой мере неизвестен. Данная работа является попыткой вклада к этому вопросу. Исходя из геохимических наблюдений, статистического анализа качеств нефти и их регионального распространения, а также из анализа большого числа нефтеносных бассейнов автор сделал вывод, что качества нефти не зависят от глубины и возраста, а от дальности миграции. Это обусловлено тем, что коллоидально растворенные масла мигрируют по беспрерывной водяной среде и при этом подвергаются воздействию со стороны кислорода, соединений кислорода и бактерий. Только перенос в жидкой среде может объяснить, почему наидалее мигрированные масла содержат больше всего смол и асфальтенов, т. е. являются наиболее тяжелыми. Этим и дается возможность преследовать путь миграции. Анализ многих областей этим способом показывает, что преобладающим явлением при образовании крупных месторождений является латеральная миграция на значительные расстояния.

Summary

The accumulation mechanism of hydrocarbons still being unknown to a great extent, an attempt is made in the present paper to pay a contribution to the subject in question by means of geochemical observations, statistical evaluation of oil qualities and their regional distribution, and analysis of a major number of oil basins. They all enabled to draw the conclusion that oil qualities do not depend on the depth and age, but on the extent of migration. The reason is that oils migrate in a continuous water phase in colloidal solution, and with that are exposed to the attack of oxygen, oxygen compounds and bacteria. Only a liquid-phase transport accounts for the fact that oils which migrated farthest contain most of the resins and asphaltenes, are therefore the heaviest. This, however, also enables to follow the way of migration. An analysis of many areas using these aids shows that a wide lateral migration is the predominant process in the formation of large deposits.

Literatur

BAKER, E. G.: Distribution of hydrocarbons in petroleum. — Bull. Am. Ass. Petr. Geol., 46, 1, 76—84, Tulsa 1962.

BARS, E. A.: Die Wässer der Erdöllagerstätten. — Geol. nefti, sprawotschnik, Gostoptechisdat, Moskau 1960.

BARTON, D. C.: Natural history of the Gulf Coast crude oil. — Problems Petr. Geol., Am. Ass. Petr. Geol., Tulsa 1958.

BETTUZZI, C., J. VIDAL & A. VAN EGGELPOEL: Détermination de la comigration d'un pétrole et essai d'application aux gisements de Pointe Clairette et de Port Gentil. — Proceedings V. World Petrol. Congr., I, 139—154, New York 1959.

BRENNEMAN, M. C.: Estudio chimico de los petroleos crudos de la Cuenca de Maracaibo. — Boletin de Geologia, Publ. esp., 3, 1025—1069, Caracas 1960.

BROD, I. O.: Das Problem der Bildung von Öl- und Gasakkumulationen unter dem Aspekt der Theorie der Erdölmuttergesteinsfolgen. — Z. angew. Geol., 4, 9, 401—409, Berlin 1958.

EGGELPOEL, A. VAN: Evolution des huiles au cours de la migration. — Revue de l'Inst. Franç. du Pétrole, H. 2, 3, 4 (1959).

HITCHON, B., C. F. ROUND, M. E. CHARLES, & G. W. HODGSON: Effect of regional variations of crude oil and reservoir characteristics in Western Canada. — Bull. Am. Ass. Petr. Geol., 45, 3, 281—314, Tulsa 1961.

HLAUSCHEK, R.: Naphten- und Methanöle, ihre geologische Verbreitung und Entstehung. — Schriften aus dem Gebiet der Brennstoffgeologie, 11, Stuttgart 1937.

HODGSON, G. W. & B. L. BAKER: Geochemical aspects of petroleum migration in Pembina, Redwater, Joffre and Lloydminster oil fields of Alberta and Saskatschewan, Canada. — Bull. Am. Ass. Petr. Geol., 43, 2, 311—328, Tulsa 1959.

JEREMENKO, N. A. & R. G. PANKINA: Die Isotope des Schwefels in Erdölen und Gasen der Lagerstätten des Wolga-Ural-Gebiets und für die Gebiete der Sowjetunion. — Geologija nefti i gasa, H. 9, S. 43, Moskau 1962.

KARIMOW, A. K.: Einige Gesetzmäßigkeiten in der Veränderung der Eigenschaften der Erdöllager in devonischen Ablagerungen Westbaschkiriens und der angrenzenden Gebiete. — Proischoshd. nefti i gasa, 465—467, Moskau 1960.

KIDWELL, A. L. & J. M. HUNT: Migration of oil in recent sediments of Pedernales, Venezuela. In: Habitat of Oil. — Am. Ass. Petr. Geol., 790—817, Tulsa 1958.

KREJCI-GRAF, K.: Chemische Probleme der Erdölgeologie. — Brennstoff-Chemie, 41, 12, 853—860 (1960).

LOEGTERS, H. D. E.: The genesis of oil deposits in the Emsland area (Germany) and their phases of development. — Proceedings III. World Petrol. Congr., 1, Den Haag 1951.

LOUIS, M. & F. BIENNER: Etude géochimique des huiles et indices de pétrole du Bassin de Paris. — Bull. de l'Ass. Franç. des Techn. du Pétrole, 137, 3—14 (1959).

MEINSCHEIN, W. G.: Origin of petroleum. — Bull. Am. Ass. Petr. Geol., 43, 5, 925—943, Tulsa 1959.

MIRTSCHINK, M. F.: Der augenblickliche Stand der Theorie der Entstehung von Erdöl etc., — Proischoshd. nefti i gasa, S. 7—26, Moskau 1958.

PORTER, J. W. & J. G. C. M. FULLER: Lower paleozoic rocks of Northern Williston Basin and adjacent areas. — Bull. Am. Ass. Petrol. Geol., 43, 1, 124—190, Tulsa 1959.

RENZ, H. H. u. a.: The Eastern Venezuela Basin. In: Habitat of Oil. — Am. Ass. Petr. Geol., 551—600, Tulsa 1958.

RUBIO, F. E.: Condiciones de las accumulaciones de petroles en las Campos Costaneros del Distrito Bolivar. — Bol. de Geologia, Publ. esp., 3, 1009 bis 1023, Caracas 1960.

SILVERMAN, S. R.: The ratio of carbon isotopes in crude oil. — Vortrag III. Geochem. Konf. Okt., Budapest 1962.

SMITH, G. W. u. a.: Mississippian oil reservoirs in Williston Basin. In: Habitat of Oil. — Am. Ass. Petr. Geol., 149—177, Tulsa 1958.

THODE, H. G. & H. B. DUNFORD: Sulphur isotope abundances in petroleum and associated materials. — Bull. Am. Ass. Petr. Geol., 42, 11, 2619—2641, Tulsa 1958.

WASSOJEWITSCH, N. B.: Über die Entstehung des Erdöls. — Geol. Sbornik, 1, 10—98, Leningrad 1958.

YOUNG, G. A. u. a.: Geologia de las cuencas sedimentarias de Venezuela y sus campos petroliferos. — Sympos. XX. Int. Geol. Kong., IV, 161 bis 322 (1956).

Geographical and geological distribution of oil and gas in Canada. — Alberta Soc. of Petrol. Geol., Sympos. XX. Int. Geol. Kongr., III, 1—10, Mexico 1956.

Auswertung der Ergebnisse von Kalibermessungen zur Gliederung von Karbonatgesteinen[1)]

W. N. DACHNOW, UdSSR

Bei der Untersuchung karbonatischer Ablagerungen und der darin enthaltenen Erdöl- und Erdgasansammlungen muß die Gesamtheit aller Daten aus den Untersuchungsmethoden der Bohrlochgeophysik so umfassend wie möglich ausgewertet und bei der Aufstellung von Klassifikationsschemata für Karbonate, die auf Ergebnissen der Struktur- und Mineralanalyse beruhen, weitgehend berücksichtigt werden. Diese Forderung ergibt sich erstens daraus, daß die überwiegende Anzahl der Erdöl- und Erdgasbohrungen ohne oder mit nur geringer Kernentnahme niedergebracht wird. Somit können alle Klassifikationen, die ohne Berücksichtigung geophysikalischer Daten angefertigt werden, in der Praxis nicht vollständig ausgewertet werden. Zweitens kennzeichnen die Kerne und die Spülproben selten die ganze Karbonatschicht und besonders die Speicher. Meistens werden nur die festesten Karbonatvarietäten ausgebracht, die am wenigsten die Speichereigenschaften des Karbonats bestimmen. Die Feststellung und Untersuchung dieser Eigenschaften ist eine der Hauptaufgaben, die sich beim Aufsuchen und bei der Erkundung von Erdöl- und Erdgaslagern ergeben. Einige karbonatische Speichertypen, wie zum Beispiel megaporöse Karstspeicher und großklüftiges Speichergestein, können mit den Daten der Kernentnahmen nicht ermittelt werden. Indessen gehören gewöhnlich gerade die stärksten Erdöl- und Gaszuflüsse zu diesem Speichertyp, wobei die Tagesförderung zuweilen 1000 t Flüssigkeit übersteigt.

Am Lehrstuhl für Betriebsgeophysik des Moskauer GUBKIN-Instituts für Erdölwirtschaft und Gasindustrie vorgenommene Untersuchungen und gemeinsame Bohrlochmessungen mit der Tatarischen Erdölphysikalischen und der Geophysikalischen Krim-Expedition haben ergeben, daß es bedeutend größere Möglichkeiten gibt, die Ergebnisse der Bohrlochkalibermessung, insbesondere der Mikrokalibermessung[2)], zur Untersuchung von karbonatischen Ablagerungen auszunutzen, als früher angenommen wurde.

Eine Analyse ergibt, daß karbonatische Gesteine auf Grund von Kaliberkurven in fünf Haupttypen eingeteilt werden können, die sich durch folgende Merkmale unterscheiden:

Der erste Typ wird durch einen praktisch konstanten Bohrlochdurchmesser gekennzeichnet, der einige Millimeter größer, gleich groß oder etwas kleiner (nicht mehr als 0,5 cm) ist als der Durchmesser d_M des Meißels, mit dem das Bohrloch niedergebracht wurde (Abb. 1 — „x"). Eine solche Charakteristik kommt gewöhnlich dichten, insbesondere stark verkieselten und metamorphosierten Kalksteinen und Dolomiten mit verschwindend geringer Porosität zu. Es besteht die begründete Annahme, daß viele von den beobachteten Klüften in Kernen, die aus solchen Gesteinen gewonnen wurden, unter den Bedingungen ihrer Lagerungstiefe im wesentlichen geschlossen sind. Karbonate dieser Art sind ohne Interesse für die Erkundung industriell nutzbarer Öl- und Gasakkumulationen. Hierzu gehören im besonderen einige Profilabschnitte im Oberkarbon und im unteren Oberdevon des erdölführenden Wolga—Ural-Gebiets.

Der zweite Typ wird durch kleine und gewöhnlich häufige Änderungen des Bohrlochdurchmessers, in der Regel im Bereich von — 1 bis + 2 cm, bestimmt (Abb. 1 — „y"). Eine solche Charakteristik karbonatischer Gesteine ist für feinklüftige Kalke und Dolomite des Paläozoikums im westlichen Uralgebiet typisch. Dabei fallen die meisten der mit dem Kalibermesser festgestellten Klüfte offensichtlich mit der Lagerungsrichtung zusammen. Karbonate solcher Art (anisotropklüftig) können Erdöl- und Erdgasspeicher sein. Das Eindringen des Spülungsfiltrats in solche Speicher wird in den meisten Fällen gering sein, so daß zuweilen die Möglichkeit besteht, die Öl- und Gasführung mit Hilfe des Laterologverfahrens und besonders auf Grund der Ergebnisse einer komplexen Analyse elektrischer und neutronenphysikalischer Bohrlochmeßkurven einzuschätzen. Es muß bemerkt werden, daß die Schlußfolgerungen bezüglich einer möglichen Gasführung des Profils um so genauer sein werden, je früher solche Untersuchungen nach dem Aufschluß des zu untersuchenden Intervalls durchgeführt werden.

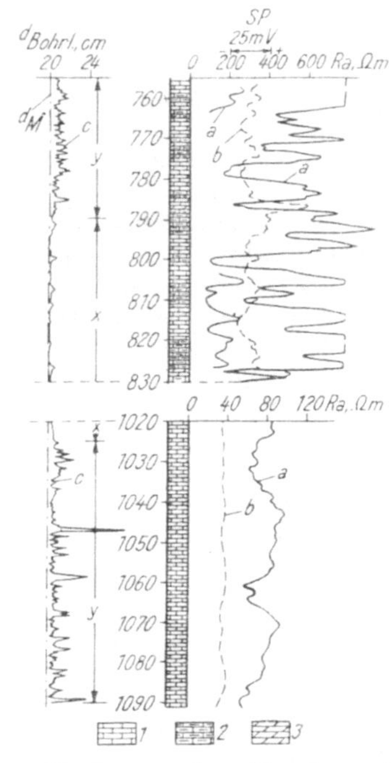

Abb. 1. Beispiel einer Mikrokaliberkurve aus Karbonatgesteinen des tatarischen Karbons

a — scheinbarer spezifischer Widerstand; b — SP-Kurve; c — Kaliberkurve; 1 — reine Kalksteine und Dolomite; 2 — do., schwachtonige; 3 — Mergel, teils dichte karbonatische Varietäten, teils schwache, aber auch stark klüftige Karbonate

Es ist zweckmäßig, in gasführenden Speichern bei intensiver Klüftigkeit wiederholt Neutron—Gamma-Messungen vor und nach der Verrohrung vorzunehmen, um eine mögliche Speicherergiebigkeit zu klären, wobei die letzte Messung nach einer bestimmten Zeitspanne

[1)] Aus: „Geologija nefti i gasa", H. 6, S. 52—56, Moskau 1963. Übers.: MEYER

[2)] So wird die Methode genannt, bei der Kaliberkurven in sehr großen Maßstäben aufgenommen werden (gewöhnlich in den Maßstäben 1:1 oder 1:2 im Durchmesser und 1:50 oder 1:200 für die Teufe), wobei Kalibermessungen mit kürzeren Armlängen erwünscht sind (30—50 cm).

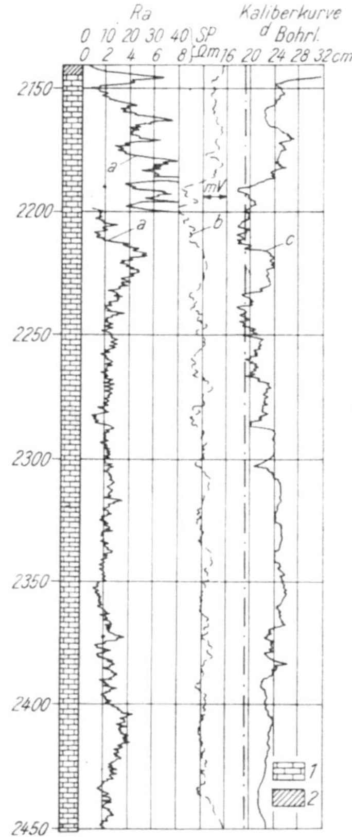

Abb. 2. Beispiel einer Kaliberkurve aus karbonatischen Ablagerungen der Oberkreide in der Tschetschen-Inguscheschischen ASSR

a — Widerstand; b — SP-Kurve; c — Kaliberkurve; 1 — Kalksteine, lockere, klüftige und kavernöse; 2 — Tone

ausgeführt werden muß, nach deren Ablauf eine Wiederherstellung der Gassättigung des Speichers in der bohrlochnahen Zone möglich ist.

Der **dritte Typ** karbonatischer Gesteine wird durch eine gewisse, ziemlich stabile Vergrößerung des Bohrlochdurchmessers — gewöhnlich bis zu 10 und 20 cm (Abb. 2) — bestimmt. Eine derartige Charakteristik ist typisch für stark klüftige Speicher, und zwar plattige Kalke und Dolomite mit stark entwickelter Klüftigkeit in verschiedenen Richtungen (insbesondere isotrop-klüftige Speicher), einige kreideähnliche Kalksteine sowie lockere Muschelkalke und Zwischenlagen aus Dolomitmehl. Solche Gesteine bröckeln beim Bohren leicht ab; dadurch vergrößert sich beim Abrollen der Bohrlochdurchmesser. Zu solchen Gesteinen zählen hochproduktive Karbonatspeicher der Oberkreide im Gebiet von Tschetschen-Inguschetien und Nordossetien. Diese Gesteine zeichnen sich gewöhnlich durch relativ niedrige spezifische elektrische Widerstände und Neutron—Gamma-Meßwerte aus.

Der **vierte Typ** wird durch stark vergrößerte Bohrlochdurchmesser charakterisiert, der oft den möglichen Spreizdurchmesser der Kalibermesserarme überschreitet (Abb. 3). Große Kavernen, die in ihrer vertikalen Erstreckung einige Meter nicht übersteigen, und Abschnitte mit konstantem, dem Meißeldurchmesser fast entsprechendem Durchmesser oder mit einer der Charakteristiken, wie sie vorher genannt wurden und nachstehend beschrieben werden, folgen oft aufeinander. Ein solcher Typ von Kaliberkurven ist für einen verkarsteten Profilteil in solchen Fällen charakteristisch, in denen vom Bohrloch große Karsthöhlen angefahren sind. Solche Profilabschnitte fallen auch oft durch starke Temperaturanomalien und niedrige Widerstands-, Gamma-, Neutron—Gamma-, SP- und IP-Meßwerte auf. Infolge intensiven, manchmal sogar katastrophalen Spülverlustes durch die Karsthöhlen ist die wahrscheinliche Ergiebigkeit solcher Speicher aus Bohrlochmessungen nur mit großen Schwierigkeiten festzustellen. In einigen Fällen kann dies jedoch durch Neutron—Gamma-Messungen, die vor und nach der Verrohrung vorgenommen werden, erfolgen. Hierbei ist es bei vermutlicher Ölführung des Speichers erwünscht, das Bohrloch vorher sorgfältig mit einer Bohrspülung (bei Spülverlust) hohen Chlorgehalts zu bearbeiten, der etwa der Mineralisation der Schichtwässer entspricht. Bei Ermittlung gasführender Speicher ist hingegen eine Spülung des Bohrlochs mit möglichst salzloser Bohrspülung oder mit einer Lösung unter Zusatz von Bor wünschenswert.

Der **fünfte Typ** karbonatischer Gesteine wird dadurch gekennzeichnet, daß der Bohrlochdurchmesser eine bedeutende Verminderung aufweist, die durch Filterkuchenansatz hervorgerufen ist (Abb. 4). Diese Verminderung des Bohrlochdurchmessers verändert sich relativ wenig mit der Teufe. Eine derartige Charakteristik der Kaliberkurven ist für Karbonate mit intergranularem und mikrokavernösem Porenraum bei miteinander gut kommunizierenden Poren typisch, wie zum Beispiel für oolithische Kalksteine, zellenartige Varietäten und einige Muschelkalke mit relativ kleinen Porenabmessungen.

Die wahrscheinliche Ergiebigkeit solcher Ablagerungen kann in vielen Fällen auf Grund elektrischer Bohrlochmessungen (Laterologs, Großsonden) im Verein mit Neutronenuntersuchungen festgestellt werden. In anderen Fällen beobachtet man jedoch auch hier ein ziemlich tiefes Eindringen des Spülungsfiltrats, wodurch die Lösung dieser Aufgabe ohne Durchführung spezieller Untersuchungen, über die oben gesprochen wurde, erschwert wird. Zu diesem Speichertyp gehören insbesondere einzelne Abschnitte des Karbonatprofils in Karbon- und Devonablagerungen im Ural- und Wolgagebiet sowie Karbonate mit Tertiär- und Kreidealter in den Zwischengebirgssenken von Pamir und Tienschan.

Unter normalen Bedingungen kommt es natürlich nur selten vor, daß man auf einen Lagerungstyp trifft, wie dies z. B. in Abb. 4 dargestellt ist. Gewöhnlich beobachtet man eine Kombination von mehreren Typen. So findet man in den Bohrlochprofilen, die im Ural-

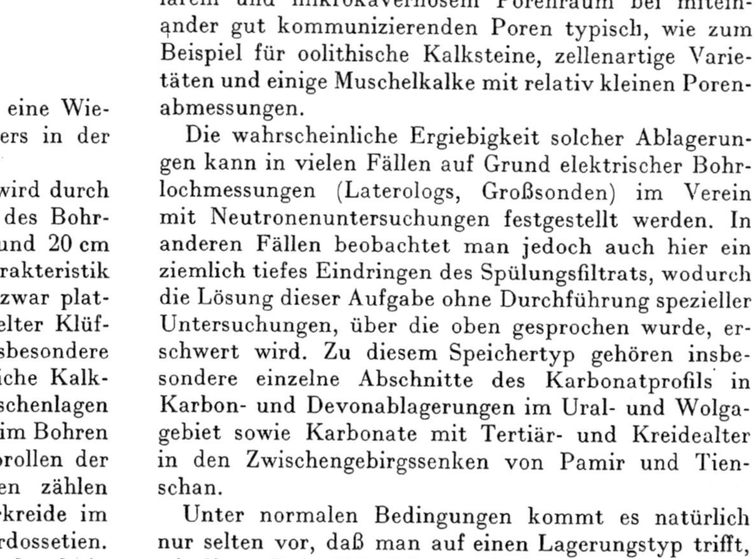

Abb. 3. Beispiel einer Kaliberkurve aus verkarsteten Karbonaten

a — Widerstand; b — SP-Kurve; c — Kaliberkurve; d — Temperaturkurve (nach der Bohrlochzementierung); e — Neutron — Gamma-Kurve; f — Kurve der natürlichen Gammastrahlungsintensität

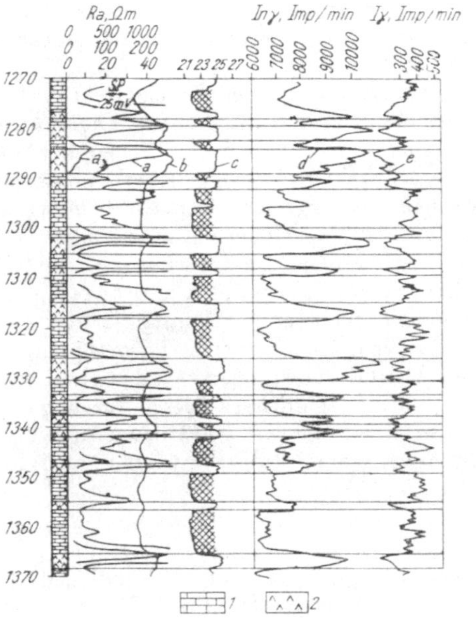

Abb. 4. Beispiel einer Kaliberkurve aus karbonatischen Gesteinen mit stark entwickelter intergranularer Porosität

a — Widerstand; b — SP-Kurve; c — Kaliberkurve; d — Neutron—Gamma-Kurve; e — Kurve der natürlichen Gamma-Strahlungsintensität; 1 — Karbonate; 2 — Anhydrite

und Wolgagebiet mächtige paläozoische Karbonatschichten erschließen, fast alle Karbonattypen, die sich in den Kaliberkurven entsprechend bemerkbar machen.

Die quantitative Einschätzung der Speichereigenschaften von ausgesonderten Karbonaten und erst recht die Bestimmung ihrer wahrscheinlichen Ergiebigkeit haben unbedingt auf Grund der Ergebnisse einer komplexen Interpretation elektrischer Messungen, der Radiometrie und anderer Untersuchungsmethoden für Bohrlochprofile zu erfolgen.

So gestattet es der unterschiedliche, nachstehend angeführte Charakter der Kaliberkurven, in einem karbonatischen Profil fünf Gesteinstypen mit folgenden kurzen Kenndaten auszusondern:

1. Der Durchmesser des Bohrlochs entspricht dem des Bohrmeißels (oder ist etwas kleiner), mit dem das Bohrloch niedergebracht wurde. Massivkristalline, feste, praktisch porenfreie und undurchlässige Varietäten: keine Speicher;[3])

2. unbedeutende und stark wechselnde Durchmessergrößen des Bohrlochs, massivkristalline bis klüftige Varietäten mit überwiegend einer Kluftrichtung — oft in Streichrichtung: gewöhnlich schlechte Speicher;

3. der Bohrlochdurchmesser ist hinreichend konstant (bis zu 10—20 cm) und größer als der des Meißels, mit dem das Bohrloch niedergebracht wurde; stark klüftige Karbonate mit senkrecht zueinander verlaufenden Kluftsystemen (zum Beispiel feinplattige Varietäten) sowie andere karbonatische Lockergesteine, wie erdige Kalkgesteine und Dolomite, Dolomitmehl und einige kreideartige Kalksteine: in vielen Fällen gute Speicher;

4. starke Vergrößerung des Bohrlochdurchmessers, der nicht selten den größten Spreizdurchmesser der Arme des Kalibermessers übersteigt; verkarstete Karbonate vom charakteristischen Typ der Karstmegaporosität: gewöhnlich sehr gute Speicher mit außerordentlich großer Porosität und Durchlässigkeit;

5. der Bohrlochdurchmesser ist erheblich kleiner als der des Meißels, mit dem das Bohrloch niedergebracht wurde; granularporöse Karbonate, die insbesondere durch intergranulare und mikrokavernöse Porosität charakterisiert werden, mit gut untereinander kommunizierenden Poren: gewöhnlich hinreichend gute Speicher mit durchschnittlicher Porosität und Durchlässigkeit.

[3]) Nach Erfahrungen in der DDR werden durch die Eigenschaften der verwendeten ausgesalzenen Spülungen glatte Kaliberkurven und unveränderter Bohrlochdurchmesser jedoch auch in oolithisch bzw. intergranular porösen Varietäten des Zechstein-Hauptkarbonats erzielt (Anm. d. Red.)

Neue Erkenntnisse über die Ausbildung des Kaliflözes Thüringen[1])

Erfahrungen in den Grubenfeldern „Ernst Thälmann II/III" und Menzengraben und deren bergmännische Berücksichtigung

OTFRIED KONITZ & RUDOLF SCHÄBITZER, Merkers/Rhön

Die verstärkte Einbeziehung des Kaliflözes Thüringen in die bergmännische Gewinnung erforderte in der letzten Zeit umfangreiche geologische Untersuchungsarbeiten. Die in diesem Zusammenhang durchgeführten Spezialkartierungen brachten eine Reihe neuer Erkenntnisse, die im folgenden dargelegt werden sollen.

Allgemeines

In den Schachtanlagen „Ernst Thälmann II/III" und Menzengraben besteht das Kaliflöz Thüringen aus einem rötlichgrauen Trümmercarnallitit, der teilweise in Sylvinit umgewandelt ist. Das Hangende des Lagers bildet eine 0,2—0,3 m mächtige Sylvinhalitbank, das Liegende einen 0,3—1,5 m mächtigen Hartsalzfuß. Stellenweise sind unter der Sylvinhalitlage 0,1—1,5 m mächtige Lagen von reinem, weißem, glasigem Carnallitit vorhanden.

Die Mächtigkeit des Lagers und seine Salzzusammensetzung wurden wesentlich von der Tektonik beeinflußt.

Nachstehend werden einige geologische Besonderheiten aus dem unteren Kalilager (Flöz Thüringen) beschrieben. Ausgehend von diesen Erkenntnissen wird ihr Einfluß auf die Abbauführung im Bereich der 2. Sohle näher untersucht.

[1]) Eingang des Manuskripts in der Redaktion: 27. 7. 1963

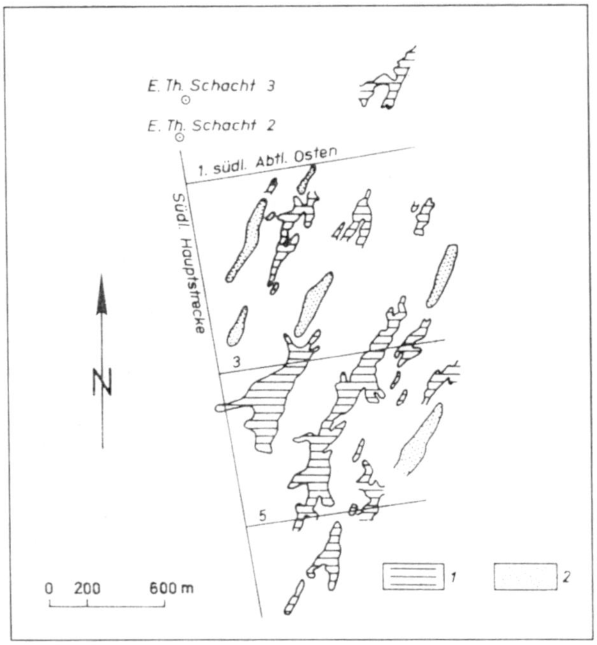

und -anstauungen zeigen im entsprechenden Feldesteil die gleichen Streichrichtungen wie die Längsachsen der weißen Carnallititlinsen.

Die Übereinstimmung der Streichrichtungen der Längsachsen der Lagerausdünnungen, Lageranstauungen und Lagerverdrückungen mit denen der weißen Carnallititlinsen weist auf einen genetischen Zusammenhang zwischen diesen geologischen Erscheinungen hin. Dieser ist ungefähr folgendermaßen zu erklären: Die durch die großräumige Lagerverfaltung entstehende Reibungsenergie war offensichtlich besonders groß im Bereich der sich bildenden Ausdünnungszonen im Kalisalzflöz Thüringen. Daher kam es bevorzugt in diesen Zonen zur Kristallwasserabgabe und teilweiser Umschmelzung des Carnallitites. Diese Vorgänge waren von Bedeutung für die weitere Umlagerung des aus den Ausdünnungszonen abzutransportierenden Carnallititanteiles.

Abb. 1. Lagerverdrückungen und weiße Carnallititlinsen im Ostfeld der Schachtanlage „Ernst Thälmann II/III"
1 — weißer, glasiger Carnallitit, 2 — Vertaubung

Ausbildung des weißen, glasigen, teilweise grobkristallinen Carnallitites

Der weiße, glasige Carnallitit tritt im Kaliflöz Thüringen meist in spröder, splittriger Ausbildung und nahezu einschlußfrei auf. Vereinzelt sind auch halbidiomorphe Kristalle zu beobachten. Der weiße Carnallitit befindet sich bevorzugt im Hangendteil des Trümmercarnallititflözes unmittelbar unter der Sylvinhalitbank (Abb. 3) in Form längsgestreckter, größerer und kleinerer Linsen. Zum größten Teil werden diese Linsen von einem cm- bis dm-breiten, intensiv rot gefärbten Saum unterlagert und zum Teil umgeben. Die Breite des roten Carnallititsaumes nimmt in der Regel mit der Mächtigkeit der reinweißen Carnallititlinsen zu.

Die Längsachsen dieser weißen Carnallititlinsen weisen im Ostfeld der Schachtanlagen „Ernst Thälmann II/III" und Menzengraben rheinisches Streichen auf (Abb. 1) und gehen zum Westfeld hin in N—S- und rheinisches Streichen über.

Die Längsachsen der durch die präbasaltische Lagerverfaltung entstandenen Lagerverdrückungen, -ausdünnungen

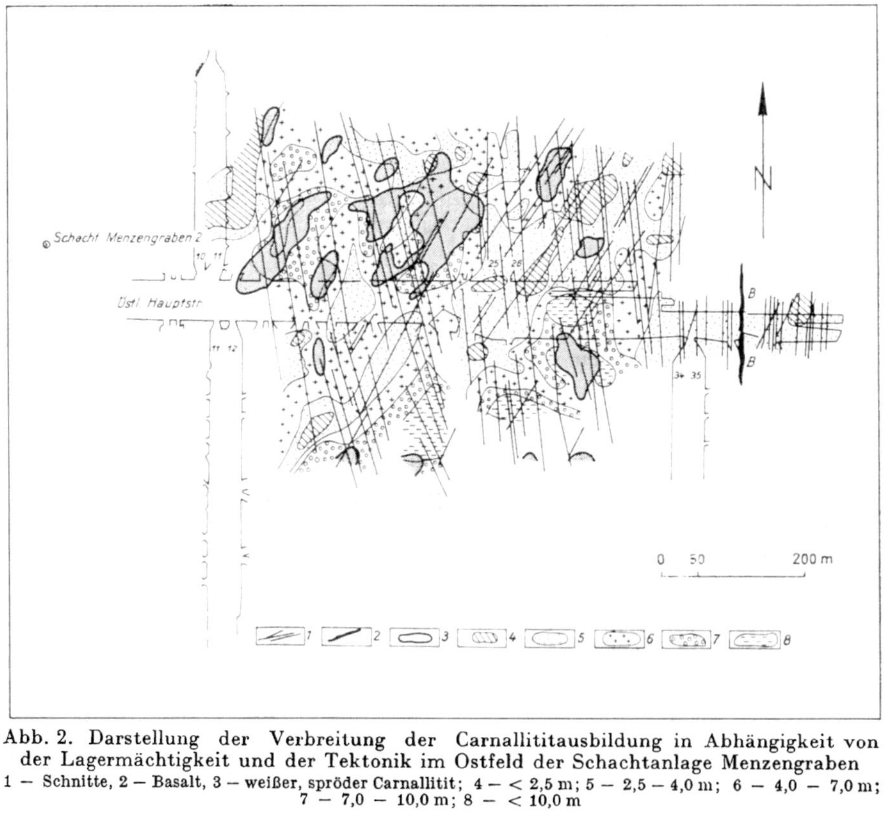

Abb. 2. Darstellung der Verbreitung der Carnallititausbildung in Abhängigkeit von der Lagermächtigkeit und der Tektonik im Ostfeld der Schachtanlage Menzengraben
1 — Schnitte, 2 — Basalt, 3 — weißer, spröder Carnallitit; 4 — < 2,5 m; 5 — 2,5 — 4,0 m; 6 — 4,0 — 7,0 m; 7 — 7,0 — 10,0 m; 8 — < 10,0 m

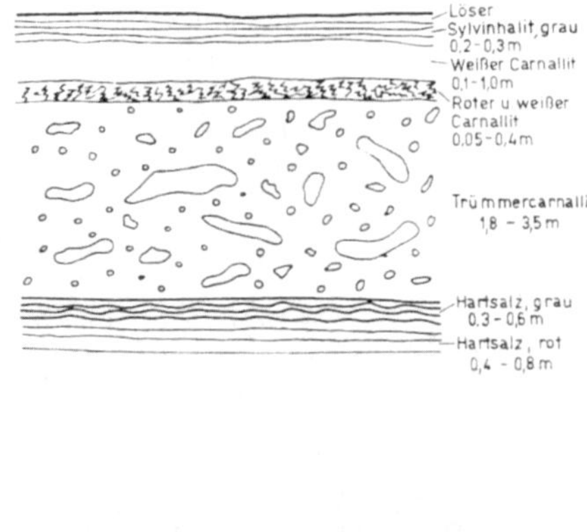

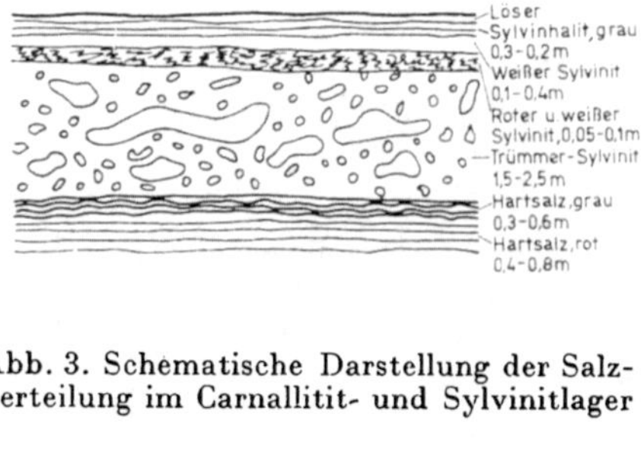

Abb. 3. Schematische Darstellung der Salzverteilung im Carnallitit- und Sylvinitlager

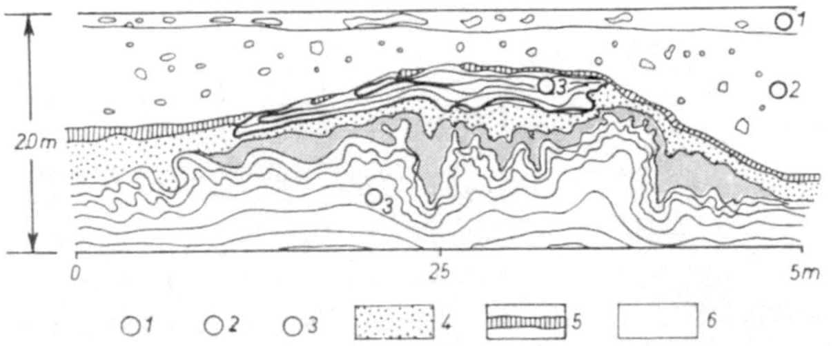

Abb. 3a. Bildung von weißem Carnallitit im Bereich stärkerer Verfaltungen, Schachtanlage Menzengraben. Flöz Thüringen. 1. südl. Richtstr., Qu. 13 nach Osten, Ort 7 nach Süden

1 – grauer Trümmercarnallitit, 2 – rötlicher Trümmercarnallitit, 3 – Steinsalz, 4 – weißer Carnallitit, 5 – roter Carnallitit, 6 – Sylvin

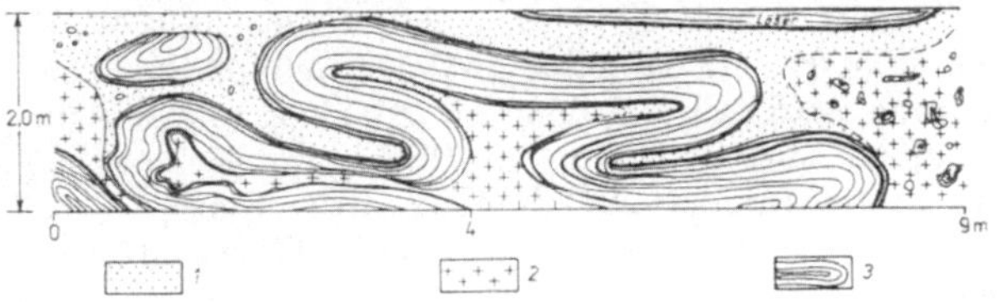

Abb. 3b. Bildung von weißem Carnallitit im Bereich stärkerer Verfaltungen, Schachtanlage Menzengraben. Flöz Thüringen, westliche Hauptstr., Ort 23 nach Norden

1 – weißer Carnallitit, 2 – roter Carnallitit, 3 – Steinsalz

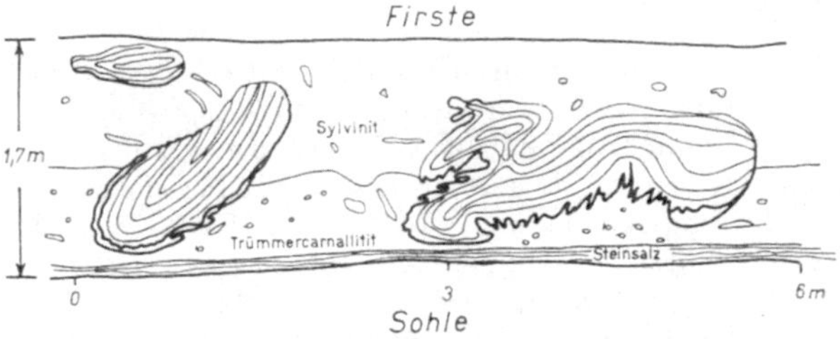

Abb. 3c. Steinsalzschollen gleichzeitig im Sylvinit und Carnallitit, Schachtanlage „Ernst Thälmann II/III". 2. Sohle, Flöz Thüringen, südl. Hauptstr., Querort 5 nach Westen, 2. Durchhieb, nördl. Stoß

Die Ausdünnung konnte teilweise bis zur völligen Lagerverdrückung gehen. Die Abwanderung des Carnallititanteiles erfolgte dabei vermutlich im Hangendteil des Kalisalzflözes Thüringen in $\pm$ entfernte Gebiete und gab dort Anlaß zur Bildung größerer Lagermächtigkeiten. Die Steinsalztrümmer blieben dabei mehr oder weniger unbeeinflußt.

Die Abb. 3a und b zeigen deutlich, wie es durch Lagerverfaltung zur Bildung von weißem Carnallitit kommt. Was hier in den Abbildungen im Kleinen zu beobachten ist, gilt sicher auch für großräumige Verfaltungen. So entstanden nach Beendigung der Verfaltung vorzugsweise im Hangendteil des Kalisalzflözes „Thüringen" reine Carnallititlinsen, die meist weiß gefärbt sind.

Auf Grund des gleichlaufenden Streichens (NNE—SSW bis NNW—SSE) der Zonen mit Lagerausdünnung, Lageranstauung und weißem Carnallitit im Hangendteil des Flözes empfiehlt sich für die Abbauführung in Carnallititrevieren folgendes: Die Abbaukammern sind nach Möglichkeit in E—W-Richtung aufzufahren, um zu vermeiden, daß sie über eine größere Entfernung in Lageranstauungszonen oder weißen Carnallititlinsen stehen, wodurch die Pfeiler verstärkt durch Gebirgsdruck beansprucht würden.

Lagerverdrückungen im Flöz Thüringen

Verdrückungen sind Muldenzonen ohne Lagerausbildung, sie entstanden durch großräumige Lagerverfaltung. Die Zonen der Lagerverdrückungen besitzen elliptische Form. Ihre Längserstreckung beträgt meist mehrere hundert Meter, die Breite schwankt zwischen 15—80 m. Die Längsachsen dieser Lagerverdrückungszonen haben im Ostfeld der Schachtanlage „Ernst Thälmann" rheinisches, im Westfeld dagegen N—S- bis NNW—SSE-Streichen (Abb. 4).

Das Kalisalz wurde bei dieser großräumigen und gleichmäßigen Lagerverfaltung (ohne besondere Vergenz) aus dem Bereich der Mulden in die benachbarten Sattelzonen abgequetscht. Das deutet sich bei dem in Abb. 5 dargestellten Schnitt, der durch eine Lagerverdrückung gelegt wurde, im Westteil an.

In Annäherung an eine Lagerverdrückung sind stets folgende Bereiche festzustellen (Abb. 5 und 6):

1. normale Lagerausbildung und Flözmächtigkeit;
2. stärkeres Einfallen und allmähliche Abnahme der Trümmercarnallititmächtigkeit;
3. allmählicher Übergang in eine Zone sehr geringer Carnallititmächtigkeit. In diesem Bereich ist stets stärkere Kleintektonik im liegenden und hangenden Steinsalz zu beobachten;
4. es schließt sich ein Gebiet mit nahezu reiner Hartsalzausbildung und allmählicher Mächtigkeitsabnahme des Hartsalzes an;
5. unmittelbar davor deutet sich durch Zonen von großspätigem Steinsalz die vollkommene Lagerausdünnung an, die nach wenigen Metern einsetzt.

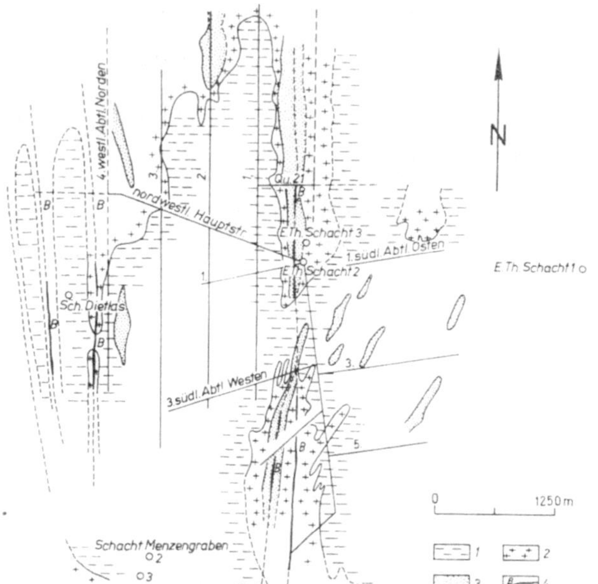

Abb. 4. Darstellung der Salzverteilung im Bereich der Schachtanlagen „Ernst Thälmann I/III" und Menzengraben

1 – Carnallitfazies, 2 – Sylvinitfazies, 3 – Vertaubung, 4 – Basaltgang

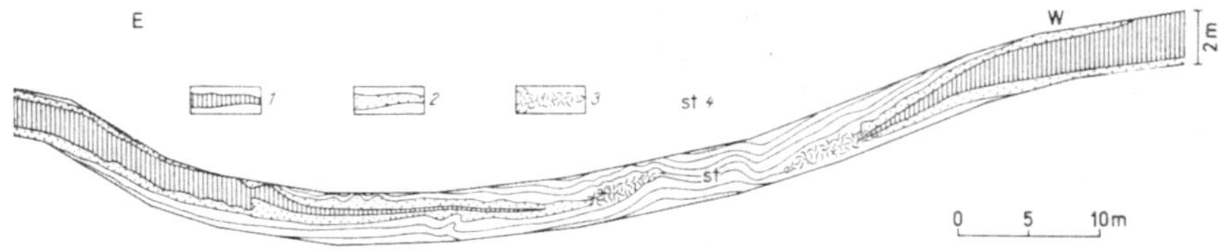

Abb. 5. Schnitt durch eine Lagerverdrückung

1 – Trümmercarnallitit, 2 – Hartsalz, 3 – großkristallines Steinsalz, 4 – Steinsalz

Abb. 6 zeigt die Darstellung dieser einzelnen Besonderheiten im Grundriß und den Verlauf der Abbauführung, der sich aus der oben angeführten geologischen Situation ergab.

Auf Grund des Streichens der Ausdünnungszonen ist eine Durchörterung mit Strecken und Abbauen nur in E—W-Richtung zweckmäßig, weil anderenfalls bei Durchörterung in N—S-Richtung mit großem Anfall von Steinsalz zu rechnen ist.

Großräumige steile Lagerverfaltung

In letzter Zeit sind in verstärktem Maße in der Schachtanlage „Ernst Thälmann II/III" großräumige steile Lagerverfaltungen angefahren worden. Ein Beispiel zeigt Abb. 7. Diese Verfaltungen haben eine starke Nordvergenz und ihre Achsen streichen annähernd E—W. In ihrem Bereich ist das Kalilager meist so stark ausgedünnt, daß im Zentrum der Verfaltung der Trümmercarnallitit vollkommen verdrückt ist und nur noch Hartsalz ansteht. Nur an den Faltenschenkeln wird der Carnallitit zum Zentrum hin ausdünnend mit hineingeschleppt. Für eine Streckenauffahrung in einer solchen Lagerverfaltung ergeben sich folgende Merkmale: Wird vom Süden her eine derartige Verfaltung angefahren, so steht die Strecke auf Grund des starken Ansteigens der Schichten, dem nicht mehr gefolgt werden kann, bald im Unteren Werra-Steinsalz (Na 1α). Trotz dieses Ansteigens der Schichten muß die Strecke leicht

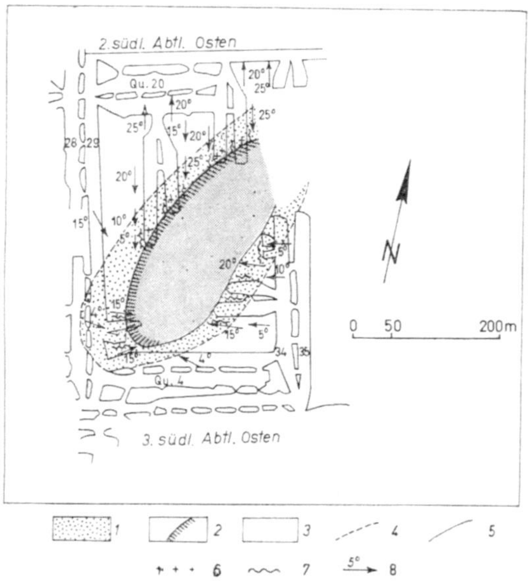

Abb. 6. Grundrißdarstellung der Salzverteilung und Abbauführung im Bereich einer Lagerverdrückung

1 – Zone der Ausdünnung, <0,8 m; 2 – Fortsetzung des Hartsalzfußes, 3 – Vertaubung, 4 – Beginn der Ausdünnung, 5 – vollkommene Ausdünnung des Trümmercarnallitlagers, 6 – kristallines Steinsalz, 7 – starke Verfaltung, 8 – Einfallen der Lagerstätte

einfallend weitergefahren werden. So gelangt man, wie dies in Abb. 7 dargestellt ist, am besten wieder ins Kalilager. Fährt man von Norden her eine steile großräumige Lagerverfaltung an, so darf dem Einfallen der Schichten in Vortriebsrichtung nicht gefolgt werden, sondern es muß entgegengesetzt dem Einfallen leicht ansteigend weitergefahren werden, um wieder in den Bereich des normal ausgebildeten Kalilagers zu gelangen. Der feinstratigraphischen Bearbeitung der Grubenaufschlüsse kommt daher im Hinblick auf eine richtige Streckenführung praktische Bedeutung zu. Nur die genaue Kenntnis dieser vorher geschilderten geologischen Situation verhindert ein falsches Auffahren der Abbaustrecken und unnötigen Steinsalzanfall durch Strossen oder Firstedrücken.

Der Sylvinit und sein Einfluß auf die Festigkeit der Firste

Sylvinitausbildung

Hier soll nur der aus dem Carnallitit entstandene Umwandlungssylvinit beschrieben werden, wie er beispielsweise im SW-Feld der Grube Menzengraben aufgeschlossen ist. In ihm ist noch sehr gut die ehemalige Carnallititlagerausbildung zu erkennen. Es lassen sich Zonen schlierig-schichtiger Ausbildung (Wechsellagerung von rötlichen und weißen Sylvinitlagen) und im Hangenden langgestreckte Linsen von reinem weißem Sylvinit ohne Steinsalzeinschlüsse sowie im Liegenden Sylvinit mit zahlreichen Steinsalztrümmern beobachten. Struktur und Textur des Umwandlungssylvinites sind also die gleichen wie im Carnallititlager (Abb. 3 und 3c).

Auf Grund der Parallelität zur Carnallititlagerausbildung läßt sich unschwer erkennen, daß es sich bei den reinen, weißen Sylvinitvorkommen um den umgewandelten weißen Carnallitit aus dem Hangenden des Trümmercarnallitites handelt (Abb. 3).

Bei der Sylvinitbildung sind der fehlende Fe_2O_3-Gehalt des weißen Carnallitites sowie der höhere Eisenoxydgehalt des rot gefärbten Carnallititsaumes erhalten geblieben. Diese Erscheinung läßt sich nur erklären, wenn man eine langsame metasomatische Umwandlung des ehemaligen Carnallitites durch Fe_2O_3-freie NaCl-Lösungen annimmt.

Bei dem Sylvinit im SW-Feld der Grube Menzengraben handelt es sich demzufolge um keine besondere Hartsalz- oder Sylvinitfazies, wie bisher von verschiedenen Autoren angenommen wurde (LÜTZNER 1956; HOPPE 1960), sondern eindeutig um Umwandlungssylvinit.

Ein Beweis für diese Erkenntnis war auch neben dem Vergleich der Struktur und Textur des Carnallitits mit dem Sylvinit das Ergebnis der Auskartierung der rein weißen Sylvinitlinsen. Deren Längsachsen zeigen die gleiche Streichrichtung wie die weißen Carnallititlinsen im Westfeld der Schachtanlagen „Ernst Thälmann" und Menzengraben.

Sylvinitausbildung und Firstfallgefahr

Bei der Umwandlung von Carnallitit in Sylvinit tritt bekanntlich ein Volumenschwund ein, der nach BAAR (1959, S. 156) etwa 50% ausmacht, wobei das $MgCl_2$ und das Kristallwasser des Carnallitites in Form von $MgCl_2$-Laugen in der Regel auf hangenden Schnitten abwandern. Dabei werden horizontale Klüfte, die durch den Volumenschwund bei der Sylvinitbildung im hangenden Steinsalz des Flözes Thüringen entstanden, mit Umwandlungslaugen ausgefüllt. Aus diesen Laugen scheiden sich bei Abschluß der Laugenzufuhr Steinsalz-, Carnallit- und Sylvinkristalle aus. Die so entstandenen Kristallsalzlagen bilden horizontale Ablösungszonen im Hangenden des Kalilagers Thüringen, welche von Bedeutung für die Sicherheit der Firste in den Grubenbauen sind.

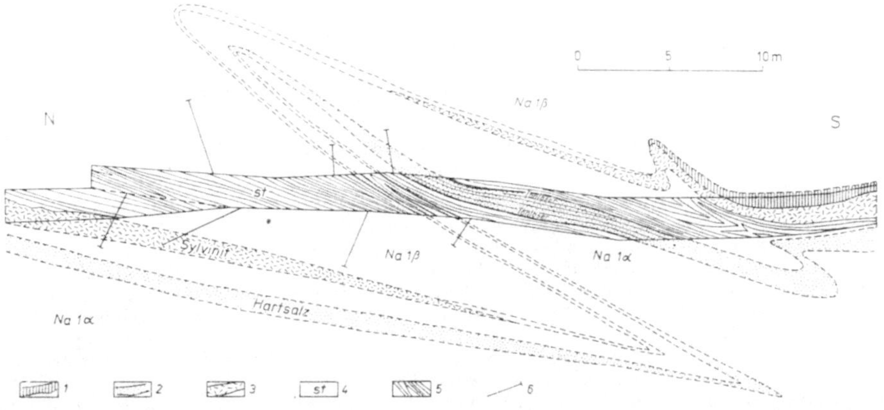

Abb. 7. Schnitt durch eine großräumige steile Lagerverfaltung im Kaliflöz Thüringen
1 — Trümmercarnallitit, 2 — Hartsalz, 3 — Sylvinit, 4 — Steinsalz, 5 — Tonlöser, 6 — Kontrollbohrungen

Besonders in breit aufgefahrenen Abbauen erfolgt an diesen Kristallsalzlagen oft eine großflächige Firstablösung, die zu Firstfällen führt. Deshalb sind Sylvinitfeldesteile durch eine verstärkte Firstfallgefahr gekennzeichnet. Diesem Umstand ist bei Anwendung des Pfeilersplittings in Sylvinitgebieten große Beachtung zu schenken.

Schlußfolgerung

Der größte Teil aller die Lagerstättenqualität und die Abbauparameter beeinflussenden geologischen Besonderheiten, wie Vertaubungen, Verdrückungen, Faziesgrenzen, ausgenommen die Gebiete mit großräumiger steiler Lagerverfaltung, zeigen im Kalisalzflöz Thüringen, in den Schachtanlagen „Ernst Thälmann II/III" und Menzengraben, in ihrer Längserstreckung NNW—SSE- bis NNE—SSW-Streichen (Abb. 4).

Aus dieser Erkenntnis ergibt sich, daß

1. für eine möglichst wirtschaftliche Streckenauffahrung die E—W-Richtung am günstigsten ist, weil

a) der Gebirgsdruck günstig beeinflußt wird (Fehlen längerer Auffahrungen durch weiße Carnallititlinsen und Lageranstauungen);

b) das Auffahren von N—S gerichteten Abbauen am Rande von Lagerverdrückungen, infolge des in diesem Bereich herrschenden Lagereinfallens nach Westen oder Osten, eine starke Schrägstellung der Abbaue bedingt. Das wiederum hätte eine Zermürbung der Pfeiler durch Schubkräfte zur Folge. Außerdem würde beim Vortrieb des Abbaues die Salzgewinnung sehr erschwert werden;

c) Verdrückungen und Vertaubungen am schnellsten durchörtert werden können;

2. Erkundungsstrecken nach Möglichkeit ebenfalls in E—W-Richtung aufgefahren werden, weil dadurch der größtmögliche Erkundungseffekt erzielt wird;

3. das Sylvinitvorkommen im SW-Feld der Grube Menzengraben kein isoliert auftretendes „primäres" Hartsalz ist, sondern eindeutig Umwandlungssylvinit. Deshalb muß auf Grund der geologischen Situation (Basaltvorkommen, basaltische Störungszonen) mit einer viel größeren Verbreitung des Sylvinits in diesem Feldesteil gerechnet werden, als bisher angenommen wurde (Abb. 4).

Zusammenfassung

In der vorliegenden Arbeit wurden verschiedene Gesetzmäßigkeiten in der Ausbildung des Kalisalzflözes Thüringen beschrieben und ihr Einfluß auf die Lagerstättenqualität untersucht. Des weiteren konnten Beziehungen zur Festigkeit der Firste abgeleitet werden. Aus den Untersuchungen ergeben sich Hinweise für die günstigste Abbauführung in Lageranstauungs-, Lagerausdünnungs- und Vertaubungszonen.

Резюме

В настоящей работе описывались разные закономерности развития калийного пласта Тюринген и исследовались их влияние на качество месторождения. Удалось сделать выводы об отношениях к прочности кровли. Из исследований вытекают указания для наилучшего ведения очистных работ в зонах увеличения, уменьшения и истощения пласта.

Summary

The present paper describes various regularities in the formation of the potash-salt seam Thuringia and their influence on the quality of the deposits. Relations with the roof strength are also derived, and reference is made to the most advantageous mining conditions in zones of lateral deposit compression and thinning, as well as in barren zones.

Literatur

BAAR, A.: Über gleichartige Gebirgsverformungen durch bergmännischen Abbau von Kaliflözen bzw. durch chemische Umbildung von Kaliflözen in geologischer Vergangenheit. — Freiberger Forsch.-H., A 123, S. 137—159, Berlin 1959.

FANDRICH, K.: Spurenmetalluntersuchungen im Unteren Kalilager der Grube Menzengraben (Werragebiet) und Betrachtungen zur Genese der dortigen Kalisalze. — Berichte der geol. Ges. DDR, 6 (1961), Heft 1, S. 125—151, Berlin 1962.

HOPPE, W.: Die Bedeutung der geologischen Vorgänge bei der Metamorphose der Werra-Kalisalzlagerstätte. — Freiberger Forsch.-H., A 123, S. 41—60, Berlin 1959.

— Die Kali- und Steinsalzlagerstätten des Zechsteins in der Deutschen Demokratischen Republik, Teil 1, Das Werra-Gebiet. — Freiberger Forsch.-H., C 97/I, Berlin 1960.

LÜTZNER, H.: Die Urnshäuser Störung und die Frage ihrer Fortsetzung bis zur Schachtanlage Menzengraben. — Unveröff. Dipl.-Arbeit, Jena 1955.

Die Benutzung primärer Dispersionshöfe zur Einschätzung der Erzführung disjunktiver Störungen[1)]

W. M. KONSTANTINOW & E. M. JANISCHEWSKIJ, UdSSR

In letzter Zeit wurden zur Lösung verschiedener Aufgaben, die mit geologischen Erkundungs- und Sucharbeiten zusammenhängen, in zunehmendem Maße geochemische Untersuchungsmethoden, insbesondere das Studium primärer Dispersionsaureolen chemischer Elemente, herangezogen (ROSSMAN 1957, 1960; KABLUKOW & WERTEPOW 1960; OSEROWA 1959, 1960).

Durch die von den Verf. durchgeführten Untersuchungen konnten in einem Uranerzvorkommen zwei Typen von Dispersionsaureolen festgestellt werden: Aureolen von „beweglichem" Uran, Molybdän und Zirkon, die die Uranvererzung begleiten, und Aureolen von Zink, Kobalt und Mangan, die Indikatoren einer Blei-Zink-Mineralisation darstellen.

Am geologischen Aufbau des Untersuchungsgebiets nehmen extrusive Quarzporphyre, die Granosyenite durchsetzen, sowie Kalksteine teil. Die Vererzung ist an steilfallende disjunktive Störungen im Zentralteil des Extrusivkörpers und an den Kontakt des Quarzporphyrs mit dem Kalkstein gebunden.

Die disjunktiven Störungen im Zentralteil der Extrusivmasse sind mit Bruchstücken von Quarzporphyr ausgefüllt, zwischen denen kleine Trümchen und Einsprenglinge von Uranpechblende und Uranschwärze auftreten. Außerdem sind Molybdänit, Galenit, Pyrit und Hämatit anzutreffen. Die disjunktiven Störungen, die an den Kontaktbereich des Quarzporphyrs mit Kalksteinen gebunden sind, weisen eine geringe Mächtigkeit auf und sind mit Pyrit, Galenit, Hämatit und Sphalerit mineralisiert. Uranmineralien wurden darin nicht festgestellt. Beide Typen von disjunktiven Störungen werden von Aureolen einer intensiven Rotfärbung begleitet, wie sie an sich nur für die Uranvererzung charakteristisch sind.

Die geochemische Bemusterung der Nebengesteine wurde in Grubenbauen auf der Stollensohle durchgeführt. Die Bemusterung erfolgte mittels der Punktmethode in Intervallen von je 5 m entlang von Profilen (Grubenbauen) rechtwinklig zum Streichen der erzführenden Zonen. Jede Probe bestand aus 10—12 einzelnen Gesteinsstückchen, die im Abstand von etwa 40—50 cm abgeschlagen wurden. Durch halbquantitative Spektralanalyse wurde in den Proben die Konzentration von Be, As, Zr, Mo, Pb, Sb, Bi, Ti, Cd, Ag, Cu, Ni, Mn, Co, Cr, V und Ba bestimmt. Die Gehalte an „beweglichem" Uran wurden mit Hilfe der Lumineszenzmethode ermittelt (KAPLUKOW & WERTEPOW 1960). Der Aufschluß erfolgte dabei durch 30 min langes Kochen in 20%iger Sodalösung. Insgesamt wurden 102 Proben genommen.

Bei der Bearbeitung der Analysenresultate wurde festgestellt, daß sich im Bereich der tektonischen Zonen Dispersionshöfe von U, Zr, Mo, Pb, Cu, Zn, Ni und Mn bilden. Elemente wie Be, As, Sn, Ti, Cd, Ag, Co, Cr, V und Ba bilden keine Dispersionsaureolen.

Die in den Dispersionshöfen auftretenden Elemente können in drei Gruppen unterteilt werden:

Die Elemente der ersten Gruppe — Uran, Molybdän und Zirkon — bilden Dispersionshöfe im Bereich erzführender Zonen mit Uranmineralisation (Abb. a, b, c). Die größten Aureolen bildet Uran; ihre Mächtigkeit beträgt das 10- bis 15fache der Mächtigkeit der tektonischen Zonen. Die Gehalte an „beweglichem" Uran schwanken bei einem geochemischen Untergrund (gu) von 0,000036% im Bereich von 3 bis 200 gu. Die Aureolenbereiche mit 100—200 gu sind an Teile der disjunktiven Störungen gebunden, in

[1)] Leicht gekürzte Übersetzung aus: „Geologija rudnich mestoroshdenij", Nr. 2, S. 126—127 (1963). Übers.: E. HARLASS

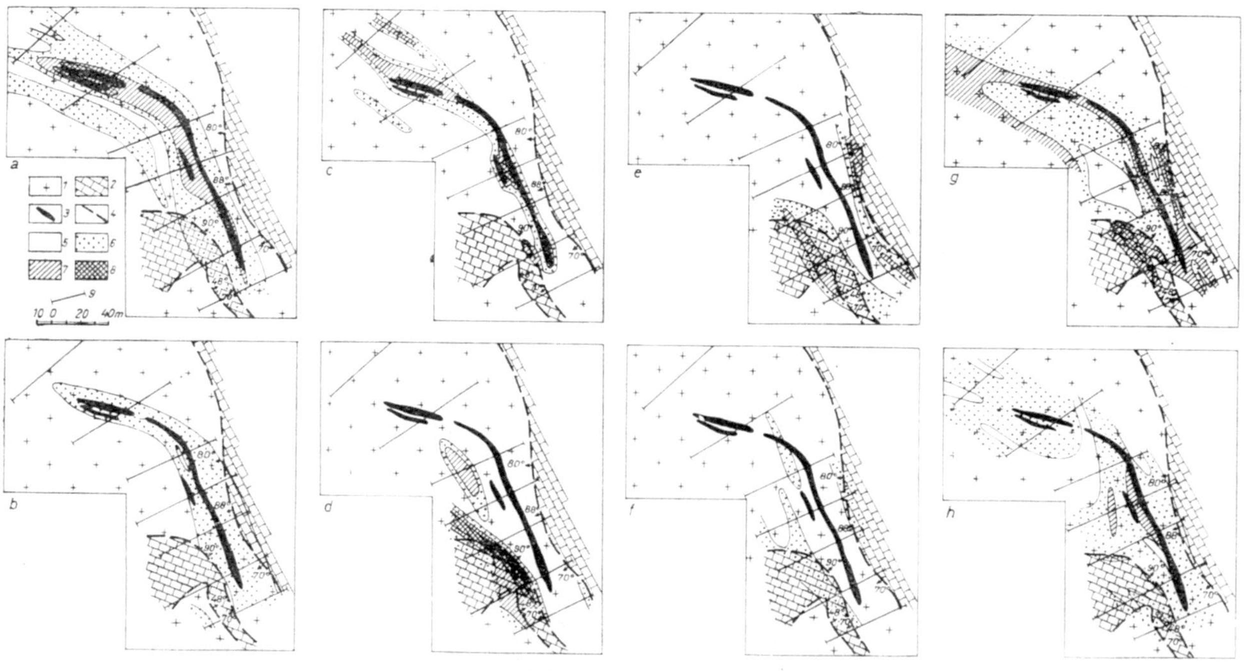

Abb. Darstellung der Dispersionshöfe

a — Uran, b — Zirkon, c — Molybdän, d — Kobalt, e — Zink, f — Mangan, g — Blei, h — Kupfer, 1 — Quarzporphyre, 2 — Kalksteine, 3 u. 4 — disjunktive Störungen

Konzentration der Elemente in Einheiten des geochemischen Untergrundes (gu)

5 — bis 3 gu; 6 — 4 bis 10 gu; 7 — 11 bis 30 gu; 8 — 31 bis 100 gu; 9 — Profile der Probenahme

denen eine sichtbare Uranmineralisation auftritt. Die Breite der Dispersionshöfe von Zirkon tritt gegenüber den Uranaureolen etwas zurück. Die Gehalte schwanken von 3—10 gu bei einem allgemeinen geochemischen Untergrund von 0,01%. Molybdän bildet verhältnismäßig schmale Aureolen, in denen die Gehalte bei einem geochemischen Untergrund von 0,0003% von 3—300 gu schwanken.

Die engen Beziehungen zwischen den Dispersionshöfen von Zirkon und Molybdän und der Uranmineralisation gestatten es, diese Elemente als geeignete Indikatoren für Uranerzkörper zu betrachten.

Die Elemente der zweiten Gruppe — Kobalt, Zink und Mangan — bilden Dispersionshöfe, die die an den Kontakt der Quarzporphyre mit dem Kalkstein gebundenen disjunktiven Störungen umhüllen (Abb. d, e, f). Die Elemente dieser Gruppe stellen Indikatoren der Blei-Zink-Mineralisation dar.

Die Elemente der dritten Gruppe — Blei und Kupfer — bilden breite Dispersionshöfe (Abb. g, h), die sowohl die uranerzführenden als auch die kontaktnahen tektonischen Zonen umschließen.

Das dargelegte Tatsachenmaterial gestattet folgende Schlußfolgerungen:

1. Für die im Zentralteil der extrusiven Quarzporphyre gelegenen und mit einer Uranmineralisation verknüpften disjunktiven Störungen sind Dispersionshöfe von Uran, Molybdän und Zirkon charakteristisch, während für die disjunktiven Störungen des Kontaktbereiches Dispersionsaureolen von Zink, Kobalt und Mangan typisch sind.

2. Das Fehlen von Dispersionshöfen der Elemente Uran, Molybdän und Zirkon in der Kontaktzone der Quarzporphyre und Kalksteine läßt die Schlußfolgerung zu, daß es sich hier um ein selbständiges Blei-Zink-Stadium der Mineralbildung handelt.

3. Die Dispersionshöfe von Uran, Molybdän und Zirkon können zum Aufsuchen einer verdeckten Uranvererzung benutzt werden, die Dispersionsaureolen von Zink, Kobalt und Mangan zum Aufsuchen von Blei-Zink-Erzen.

Literatur

KABLUKOW, A. D. & G. J. WERTEPOW: Dispersionsaureolen von Elementen in Nebengesteinen von Uranerzkörpern und ihre Anwendung bei der Suche von blinden Erzkörpern und Lagerstätten. — Geol. rudn. mest., Nr. 6, 1960 (russ.).

OSEROWA, N. A.: Über die Verwendung primärer Aureolen des Quecksilbers bei der Suche nach Blei-Zink-Lagerstätten. — Geochimija, Nr. 7, Moskau 1959 (russ.).

— Über die Erhöhung des Quecksilbergehaltes in Bruchzonen einiger Sulfidlagerstätten. — Geol. rudn. mestor., Nr. 3, Moskau 1960 (russ.).

ROSSMAN, G. J.: Versuch des Studiums primärer Dispersionsaureolen in polymetallischen Lagerstätten des Erz-Altais. — Geochimitscheskije metodi poiskow, Gosgeoltechisdat, Moskau 1957 (russ.).

— Primäre Dispersion von Metallen in Nebengesteinen der polymetallischen Kieslagerstätte von Nikolajew. — Sowjet. Geologie, Nr. 2, 1960 (russ.)

Einige geologische Ergebnisse von Erkundungsbohrungen bei Mandelholz (Harz)[1]

GERALD PATZELT, Jena

(Mitteilung aus dem VEB Geologische Erkundung West, BA Jena)

Angeregt durch Diskussionen auf einer Tagungsexkursion möchte Verf. einige Ergebnisse von bereits vor mehreren Jahren abgeschlossenen Erkundungsbohrungen auf Eisenerz im SW-Teil des Elbingeröder Komplexes mitteilen.

Im Gebiet der alten Tagebaue (im Harz „Pingen" genannt) an der Mündung der Wormke in die Kalte Bode treten reichhaltige Eisenerze der Stringocephalenstufe und roteisenvererzter Keratophyr auf. Es fand daher erneut lagerstättenkundliche Beachtung. Geologisch war es überdies durch seine fazielle und tektonische Sonderstellung am SW-Rand des Elbingeröder Komplexes von Interesse.

Einige der Bohrungen durchteuften den bereits von CEPEK (1954) nachgewiesenen Rußschiefer, der wohl dem tieferen Kulm zuzuordnen ist und auf fazielle Beziehungen zum Oberharzgebiet hinweist. Er wechselt im Bohrprofil mit grauen Tonschiefern, Kiesel- und Wetzschiefern. Die Kieselschiefer ähneln meist mehr denen der „Büchenbergfazies" als denen der „Ahrendfeldfazies", doch scheinen beide Ausbildungsarten in unserem Gebiet weniger scharf getrennt zu sein als anderwärts.

Die nördliche der drei westlichsten Bohrungen durchteufte ca. 21 m Diabas, wahrscheinlich etwas über der Basis des Kulms. Kontaktmetamorphose an der Hangendgrenze (2 m hornfelsartig) spricht für eine Deutung als Lagergang. Das Gestein wurde etwa 180 m weiter nordöstlich durch Lesesteine im Ausstrich nachgewiesen. Es entspricht mit ziemlicher Sicherheit zeitlich und genetisch dem von CEPEK (Diplomarbeit) weiter nördlich am westexponierten Wormketalhang kartierten Diabas.

Auch die von ZÖLLICH (1939), CEPEK (Diplomarbeit) und ULLRICH (1954) über Tage auskartierten und wohl mit Recht dem Oberdevon zugeordneten hellgrauen Tonschiefer wurden mehrfach erbohrt. Sie enthalten Kalklagen und -linsen z. T. mit undeutlichen Crinoidenstielgliedern.

Über die Mächtigkeit und Feinstratigraphie der kulmischen und oberdevonischen Folgen kann wenig ausgesagt werden, da die Schichten gefaltet und verschuppt sind.

Die Ausbildung des Stringocephalenhorizontes wechselt innerhalb des nur etwa 6 Hektar umfassenden Bohrfeldes fast sprunghaft. Von der Pinge „Blanke Wormke" zieht ein Streifen eines geringmächtigen (in den Bohrprofilen ca. 4—8 m) Lagerhorizontes, als kieseliges reichhaltiges Eisenerz — teils vorwiegend Magnetit, teils Hämatit — ausgebildet, in Richtung WNW. In dem nördlich bis nordöstlich anschließenden

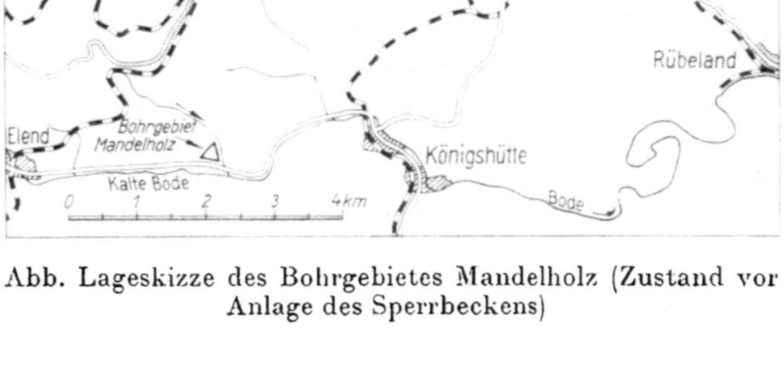

Abb. Lageskizze des Bohrgebietes Mandelholz (Zustand vor Anlage des Sperrbeckens)

[1]) Eingang des Manuskripts in der Redaktion: 26. 8. 1963

Gebiet ist der Lagerhorizont mächtiger und nahezu rein kalkig, nur mitunter etwas eisenschüssig. Schalsteinzwischenlagen treten im Kalk häufig auf. Der Fazieswechsel vollzieht sich auf so engem Raum, daß ausgeprägte Erz- und Kalkausbildung in zwei Bohrungen miteinander verschuppt sind. Im W und NW scheint sich in Bohrprofilen geringmächtiger Kalk mit Buntschiefern zu verzahnen, doch können die Lagerungsverhältnisse eventuell durch Verschuppung kompliziert sein. In jedem Fall jedoch ist das Auftreten von Rotschiefern hervorzuheben.

Eine südlich der Pinge „Blanke Wormke" zu Tage ausstreichende Wechselfolge von Tonschiefern mit dünnen Kalkbänken wurde mit Vorbehalt als Flinzfazies aufgefaßt.

Im nördlichen und westlichen Teil des Bohrfeldes folgt unter dem Lagerhorizont, zum Teil durch geringmächtigen Schalstein getrennt, ein nicht abbauwürdig roteisenvererzter Keratophyr.

Es hatte sich gezeigt, daß das Gebiet der Bohrungen Mandelholz nicht nur tektonisch dem SW-Rand des Elbingeröder Komplexes unmittelbar benachbart ist, sondern die Fazies des Lagerhorizontes und der Hangendschichten darauf schließen lassen, daß es sich auch paläogeographisch um den Rand der im Mittel- und Oberdevon durch magmatogene Ablagerungen und Massenkalke gekennzeichneten Schwelle handelt. Somit war zu vermuten, daß auch die Schalsteinfolge hier bereits relativ geringmächtig sei (vergl. ZÖLLICH 1939, REICHSTEIN 1959). Daher sollte die westlichste der Bohrungen zum Zwecke der Tiefenerkundung weitergeteuft und versucht werden, das Liegende des Schalsteinkomplexes zu erreichen. Die Bohrung kam bei 150 m in Keratophyr, bei 173 m in Schalstein. Soweit erkennbar, zeigt der Schalstein Einfallwinkel bis ca. 45°. Wider Erwarten blieb die Bohrung im Schalstein und mußte bei einer Teufe von 573,75 m eingestellt werden.

Es ergibt sich somit eine unerwartet große (Mindest-) Mächtigkeit des Schalsteinkomplexes am SW-Rand des Elbingeröder Komplexes.

Eine Bohrung am Rande der Bodetalsohle kam bereits in die Rahmenserie des Elbingeröder Komplexes.

Als tektonisches Ergebnis ist zu vermerken, daß die Schichten allgemein nach W abtauchen, der Gebirgsbau im einzelnen aber so kompliziert ist, daß trotz erheblicher Bohrdichte die Profile nicht sicher gedeutet und in Verbindung miteinander gebracht werden können. Überschiebungen sind auf Grund von Schichtverdopplungen mehrfach nachzuweisen.

Literatur

CEPEK, A.: Geologische Untersuchungen am Westrand des Elbingeröder Komplexes. — Geologie, **3**, 1079—1082, Berlin 1954 (Autorreferat einer gleichnamigen Dipl.-Arbeit).

ERDMANNSDÖRFFER, O. H.: Geologische Spezialkarte von Preußen usw., Blatt Elbingerode, Lfg. 240 (1926).

PATZELT, G.: Vorläufiger Ergebnisbericht der Staatlichen Geologischen Kommission über die im Eisenerzrevier „Mandelholz" durchgeführten Erkundungsarbeiten. — Unveröff. (1957).

REICHSTEIN, M.: Die fazielle Sonderentwicklung im Elbingeröder Raum des Harzes. — Geologie, **8**, 13—70, Berlin 1959.

ULLRICH, H.: Geologische und geophysikalische Untersuchungen im Gebiet Königshütte/Mandelholz (Harz) unter Berücksichtigung der von der Staatlichen Geologischen Kommission, Berlin, gestellten Sonderaufgaben betreffs Talsperrenbau. — Diplomarbeit, Freiberg 1954 (unveröff.).

— Geologische Beobachtungen am Westrande des Elbingeröder Sattels. — Freiberger Forsch.-H., C 23, 31—46, Berlin 1956.

ZÖLLICH, M. S.: Zur Deckenfrage im Mittelharz. Die tektonische Stellung der Schalsteinsättel bei Elbingerode. — Abh. preuß. geol. Landesanst., N. F., **191**, Berlin 1939.

Eine Reflexionssonde für die Bohrlochuntersuchung[1)]

FRIEDRICH SCHUST & HEINZ CLAUSNITZER, Berlin

(Mitteilung aus dem Zentralen Geologischen Institut, Berlin)

Ausführung der Reflexionssonde und Beschreibung der Arbeitsweise

Der Arbeitsweise des Gerätes liegt das unterschiedliche Reflexionsverhalten monomineralischer und polymineralischer Gesteine zugrunde. Ein von einer Lichtquelle ausgehendes Strahlenbündel wird von der Bohrlochwand reflektiert und über eine Photozelle in elektrischen Strom umgewandelt. Die Meßwerte des Lichtstroms werden in Bohrlochmeßkurven dargestellt.

Es steht außer Zweifel, daß die Einsatz- und Aussagemöglichkeiten eines auf dem erläuterten Prinzip beruhenden Meßverfahrens nur beschränkt und nicht umfassend sein können. So spielen z. B. bei diesem Verfahren syngenetisch oder epigenetisch bedingte Farbänderungen eines Gesteins, die nicht immer eine wesentliche Veränderung seiner Gesteinszusammensetzung widerspiegeln, eine große Rolle und müssen bei der Deutung der Ergebnisse stets berücksichtigt werden. Trotzdem ist die Anwendung des Verfahrens, wie die Versuche zeigten, in bestimmten Fällen mit gutem Erfolg möglich, und zwar in solchen Fällen, wo das Reflexionsverhalten aneinandergrenzender Gesteine unterschiedlich ist.

Es war unser Bestreben, ein möglichst billiges Gerät zu entwickeln, das eine einfache Handhabung ermöglicht, hohe Betriebssicherheit garantiert und somit unter Tage für Erkundungs- und Kartierungszwecke einsetzbar ist. Für kurze Bohrungen bis zu 6 m Tiefe wird in der Regel das Bohrlochuntersuchungsgerät nach LEWIEN (1956) mit besserem Erfolg einsetzbar sein.

Erhöhte Anwendungs- und Aussagemöglichkeiten der Reflexionssonde können u. a. durch Kopplung mit einer gelenkten Bohrmehlabsaugvorrichtung erreicht werden.

Das von der in den Sondenkörper eingebauten Lichtquelle (Glühlampe, 6 V, 15 W) ausgehende weiße Licht wird durch drei in einer Höhe liegende und um 120° versetzte Lichtaustrittsöffnungen auf die Bohrlochwand geworfen. Da die Lichtaustrittsschlitze quer zur Bohrlochachse liegen, wird eine Rundumstrahlung erreicht, und Gesteinsinhomogenitäten können vernachlässigt werden.

Die von der Bohrlochwand reflektierte Strahlung wird von einem Meßkopf aufgefangen. Dieser besteht aus einem Plexiglaskörper mit drei parallel geschalteten Photozellen. Ein ca. 1 mm starker Epoxydharzüberzug schützt die Photozellen vor äußeren Einflüssen. Die Epoxydharzflächen sind poliert, um Lichtverluste zu

1) Eingang des Manuskripts in der Redaktion: 14. 11. 1963

Tabelle

Nr.	1 Breite a [cm] u. Farbe der Streifen		2 Gemessene Breiten der Streifen a [cm] Messung			3 Fehler [cm] Messung		
	Breite	Farbe	I.	II.	III.	I.	II.	III.
1.	13.5	schwarz	13	14,6	14,9	0,5	1.1	1,4
2.	7,0	weiß	7,2	6,1	6.6	0.2	0.9	0.4
3.	6.8	schwarz	7,2	6,7	7.6	0.4	0.1	0.8
4.	6,0	weiß	5,9	6,1	5,9	0.1	0,1	0.1
5.	5.8	schwarz	6,3	5,9	5,8	0,3	0,1	0,2
6.	5.0	weiß	6,0	4,9	5,0	1,0	0,1	0.0
7.	2,0	schwarz	2,8	2,3	2,8	0,7	0.2	0.7
8.	4.0	weiß	3,2	4.1	3,5	0,8	0.1	0,5
9.	3,0	schwarz	3,3	3,1	2,6	0.1	0,1	0.8
10.	3,0	weiß	3,4	2,9	3,0	0,4	0,1	0,0
11.	4,0	schwarz	3,4	3,8	4,2	0,6	0.2	0,4
12.	2.0	weiß	2,4	2,5	2,9	0,4	0,5	0,9
13.	5,0	schwarz	4,4	4,4	4,1	0,6	0,6	0,9

vermeiden. Der Sondendurchmesser beträgt nur 42 mm, um das Gerät auch in Preßlufthammerbohrungen einsetzen zu können. Da die Genauigkeit der Aussage am größten ist, wenn die Sondenwand der Bohrlochwand anliegt, muß beim Einsatz in Bohrlöchern größeren Durchmessers entweder der Sondendurchmesser dem Bohrlochdurchmesser angepaßt oder die Sonde exzentrisch in ein Führungsteil eingebaut werden, so daß sich zwei Lichtaustrittsöffnungen bzw. Photozellen in gleichem Abstand von der Bohrlochwand befinden. Die dritte Lichtaustrittsöffnung bzw. Photozelle muß dabei außer Betrieb gesetzt werden, um eine Überlagerung der Reflexionswerte verschiedener Gesteinslagen zu vermeiden.

Zum Einbringen der Sonde in Horizontalbohrungen wird am zweckmäßigsten ein Gestänge mit Maßstab verwendet, das mit der Sonde verschraubt werden kann. Bei steilen Schräg- und Vertikalbohrungen tritt an die Stelle des Gestänges ein Drahtseil. Das Drahtseil läuft über eine Rolle mit Zentimeterteilung und Zählwerk.

Die verwendete Lichtquelle gestattet auch dann noch Messungen, wenn in Schräg- und Vertikalbohrungen stehendes Wasser getrübt ist. Da die Intensität eines Lichtstrahls mit dem Quadrat der Entfernung von der Lichtquelle abnimmt, muß die Sonde während des Meßvorgangs stets im gleichen Abstand von der reflektierenden Wand bleiben.

Die Meßgenauigkeit

Die Trennungsmöglichkeit von relativ dünnen Gesteinspartien verschiedener Helligkeit, z. B. einer

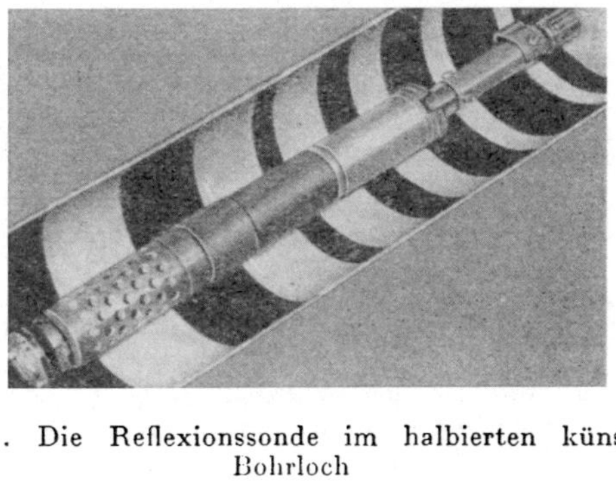

Abb. 1. Die Reflexionssonde im halbierten künstlichen Bohrloch

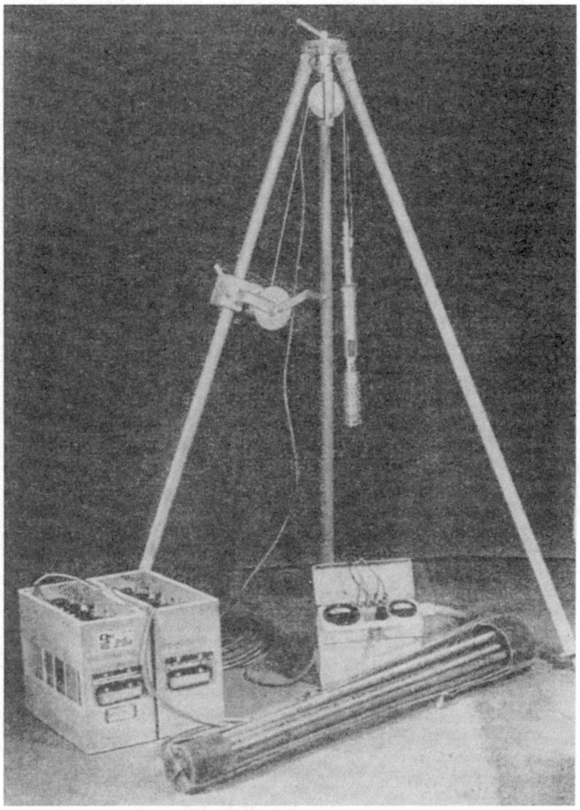

Abb. 2. Reflexionssonde mit Zubehör (Dreibein für Vertikalmessungen, Gestänge für Horizontalmessungen, Meßinstrument und Akku; die Sonde ist am Dreibein aufgehängt sichtbar.)

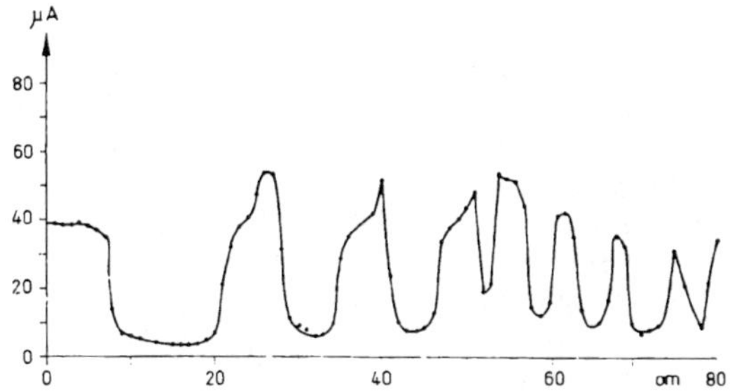

Abb. 3. Asymmetrische Extremwerte bei Reflexionsmessungen. Messung im künstlichen Bohrloch mit exzentrisch liegender Sonde unter Verwendung von drei Photozellen, drei Lichtschlitzen und weißem Licht

Wechsellagerung von tonigen und sandigen Lagen eines sedimentären Gesteins, ist bei geringem Abstand zwischen Sondenwand und Bohrlochwand und senkrecht zur Bewegungsrichtung der Sonde angeordneten schmalen Schlitzen außerordentlich hoch.

Da es in verschiedenen Fällen notwendig ist, mit einer Sonde von geringerem Durchmesser ein größeres Bohrloch zu untersuchen, wurde mit exzentrisch gelagerter Sonde ein „künstliches Bohrloch" ausgemessen, in das weiße und schwarze Streifen verschiedener Breite eingeklebt wurden (Tab.).

Der Versuch wurde zunächst mit drei Lichtöffnungen und drei Photozellen durchgeführt. Die Maxima und Minima der Kurve (Abb. 3) sind unsymmetrisch gebaut. Das Licht der dritten, zur Bohrlochmitte ge-

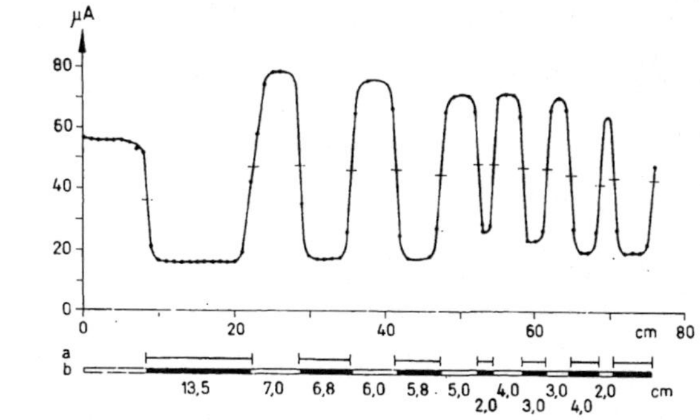

Abb. 4. Symmetrische Extremwerte bei Verwendung von zwei parallelgeschalteten Photozellen, zwei Lichtschlitzen und weißem Licht

a b — Breite der Streifen des künstlichen Bohrlochs, a — nachgewiesen mit Hilfe der Reflexionssonde, b — absolute Werte

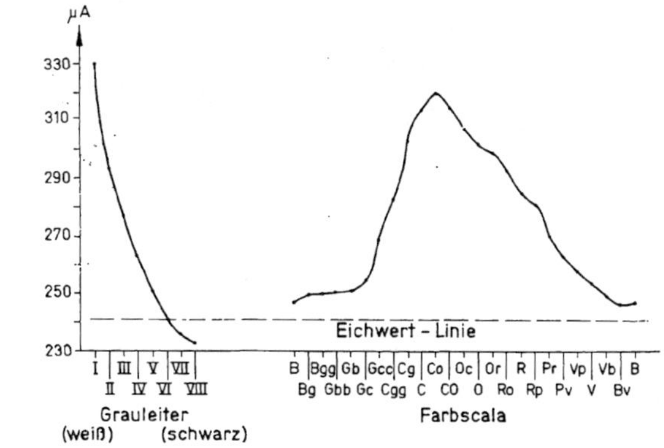

Abb. 4 a. Messungen an Farbtafeln

richteten Lichtöffnung wird nicht in der gleichen Bohrlochteufe reflektiert wie das der anderen Öffnungen. Nach Schließen dieser Lichtaustrittsöffnung erhielten die Maxima und Minima symmetrische Gestalt (Abb. 4).

Eine Beeinträchtigung der Meßgenauigkeit der exzentrisch gelagerten Sonde ergibt sich dadurch, daß der Abstand der einen seitlichen Begrenzung des Lichtaustrittsschlitzes von der Bohrlochwand größer ist als der der anderen (siehe Abb. 1). Dies drückt sich im Kurvenbild durch niedrigere Maxima und höhere Minima aus und kann zu einer falschen Interpretation der Meßkurve führen. Ein solcher Fall ist in Abb. 4 bei der Reflexion des siebenten Streifens zu verzeichnen.

Über die Reflexion von Farbabstufungen

Die Empfindlichkeit der Reflexionssonde wurde an Farbtafeln überprüft. Verwendet wurde BAUMANNs Farbtonkarten-Atlas II (Farbkreis und Grauleiter nach W. OSTWALD).

Der Abstand der Lichtquelle in der Sonde bis zum Farbkreis betrug 36 mm. Der Farbkreis wurde mit schwarzem Papier abgedeckt. Eine Blende von 7 mm Durchmesser gab den jeweiligen Farbausschnitt frei.

Um die Arbeitsweise der Versuchsanordnung zu überprüfen, wurden in geringen Abständen Kontrollmessungen an schwarzem Papier durchgeführt. Die Ergebnisse der Kontrollmessungen sind in einer Kurve unter der der Farbwerte dargestellt (Abb. 4a).

Die Ergebnisse der Messungen zeigen, daß das Meßverfahren die Helligkeiten der verschiedenen Farbabstufungen mit ausreichender Genauigkeit erfassen kann. Es ist weiterhin zu erkennen, daß bei weißem Licht einzelnen Helligkeitsmessungen verschiedene Farben zuzuordnen sind. So zeigt Grüngelb ähnliche Werte wie Rot bzw. wie die entsprechende Grauabstufung. Auch dieses Verhalten muß bei der Interpretation der Meßkurven berücksichtigt werden.

Die Festlegung eines Bezugspunktes

Obwohl es bei diesem Meßverfahren in der Regel auf das relative Verhältnis der Werte ankommen wird, ist aus verschiedenen Gründen ein genau definierter Bezugspunkt wichtig. Bei den Laborversuchen wurde dieser Forderung dadurch Rechnung getragen, daß innerhalb einer Meßreihe mehrmals die gleiche Substanz (schwarzes Papier) gemessen wurde. Dadurch konnten vor allem Spannungsschwankungen erkannt und beseitigt werden. Für Labor und praktische Arbeiten ist es erforderlich, einen Nullpunkt festzulegen, da neben Spannungsschwankungen auch Photostromerhöhungen durch die Wärmestrahlung der Lichtquellen u. a. auftreten und die wirklichen Verhältnisse verschleiern können.

Der Einfluß verschieden gearteter Oberflächen

Zur Ermittlung des Einflusses von Oberflächen verschiedener Beschaffenheit, hervorgerufen durch die Art der das Gestein bildenden Mineralien (Neigung zur Spaltflächenbildung), das Gesteinsgefüge (anisotrope Eigenschaften der Minerale) und auch durch die Art des Bohrverfahrens (Schlag- oder Drehbohren), die

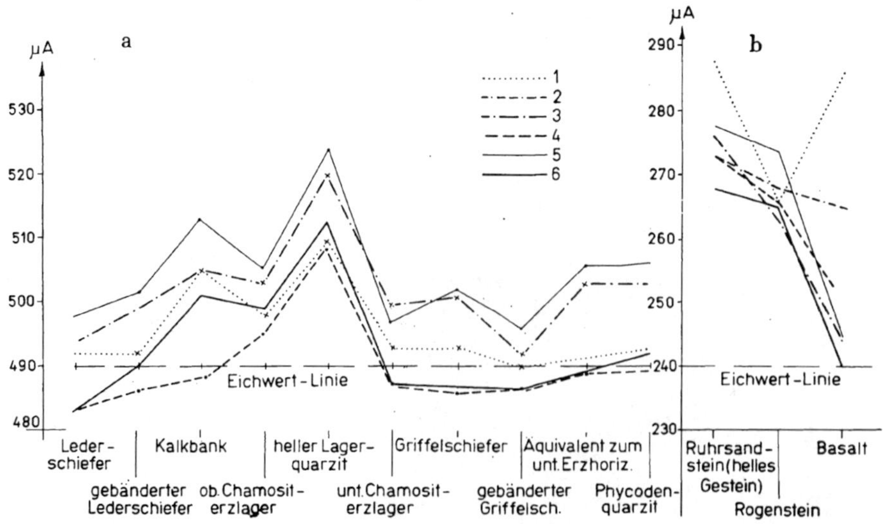

Abb. 5a und b. Einfluß der Oberflächenbeschaffenheit von Gesteinsproben im nassen und trockenen Zustand auf die Höhe der Reflexion

1 — poliert, trocken, 2 — poliert, naß, 3 — fein geschliffen, trocken, 4 — fein geschliffen, naß, 5 — grob geschliffen, trocken, 6 — grob geschliffen, naß

a) Proben aus der Schichtenfolge des Schwarzburger Sattels, b) verschiedene Proben

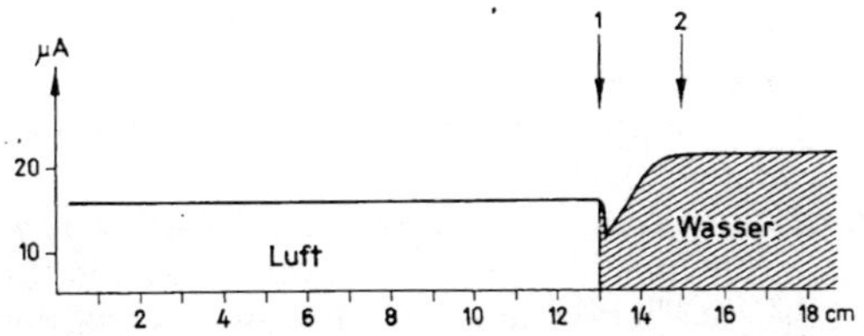

Abb. 6. Reflexionsverhalten bei Medienwechsel, Übergang von Luft in klares Wasser, gemessen in einem teilweise mit Wasser gefüllten Vinidurrohr

1 – Lichtaustrittsöffnung taucht in Wasser, 2 – Selenzelle taucht in Wasser. Nachdem die Lichtaustrittsöffnung ins Wasser getaucht ist, reflektiert die Grenzfläche Luft/Wasser einen Teil des ausgestrahlten Lichtes. Erst wenn auch die Selenzelle ins Wasser getaucht ist, fällt dieser Effekt weg. In klarem Wasser ist die Reflexion höher als in Luft.

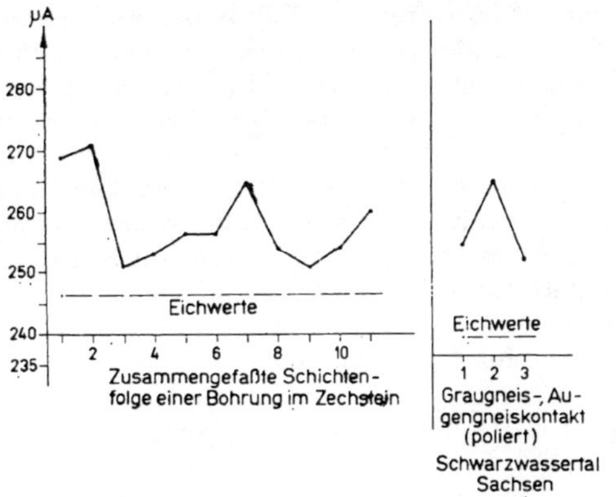

Abb. 7. Reflexionswerte von geschliffenen und polierten Gesteinsproben aus der Zentralsammlung des ZGI (Proben sind nicht in jedem Fall repräsentativ.)

Links: 1 – Unterer Buntsandstein, 2 – Grenzanhydrit, 3 – Aller-Steinsalz, 4 – Schwaden- und Tonflockensalz, 5 – Liniensalz, 6 – Basissalz, 7 – Hauptanhydrit, 8 – Grauer Salzton, 9 – Kalisalzflöz Staßfurt, 10 – Staßfurter Steinsalz, 11 – Basalanhydrit; rechts: 1 – Graugneis, 2 – Augengneis, 3 – Graugneis

Beschaffenheit der Schneidewerkzeuge (Diamantkrone usw.), wurde das Reflexionsverhalten von Gesteinen mit verschiedener Oberflächenqualität im trockenen und im nassen Zustand untersucht (Abb. 5a: eine Probenserie von Gesteinen des Schwarzburger Sattels sowie 5b: heller Sandstein, Rogenstein und Basalt). Es ergibt sich, daß die Reflexionswerte bei trockenem Gestein zum Teil sogar recht beträchtlich höher als bei nassem sind und daß grobgeschliffene Proben besser reflektieren als feingeschliffene, in der Regel sogar besser als Proben mit polierten Oberflächen. Jedoch darf man diese Aussagen nicht ohne weiteres verallgemeinern; sie müssen erst durch weitere Arbeiten geprüft und verbessert werden.

Das Reflexionsverhalten beim Wechsel des Mediums

Zwischen Bohrlochwand und Sonde dürfen sich keine Medien befinden, die das ausgestrahlte und reflektierte Licht auf geringe Entfernungen in hohem Maße absorbieren oder reflektieren. Dadurch ist der Anwendungsbereich der Sonde auf solche Bohrungen beschränkt, die mit Luft oder klarem bis leicht getrübtem Wasser angefüllt sind. Bei der Deutung des Ergebnisses muß die Trübung des Mediums bzw. der Grad der Abnahme der Strahlungsintensität im Medium beachtet werden: Beispielsweise reflektiert ein Vinidurrohr im Wasser besser als in Luft (Abb. 6). Dagegen zeigte sich in einem Bohrloch beim Übergang von Luft zu stark getrübtem Wasser ein umgekehrtes Verhalten (Abb. 8).

Ist die Grenzfläche zwischen zwei Medien (z. B. Luft–Wasser) gut ausgebildet, so reflektiert sie einen Teil des ausgestrahlten Lichtes. Eine Auswirkung dieser „Grenzflächenreflexion“ auf das Meßergebnis kann nur eintreten, wenn sich in Bohrlöchern die Lichtaustrittsöffnung auf der einen und die Photozelle auf der anderen Seite der Grenzfläche, d. h. beide in verschiedenen Medien, befinden. Es zeigt sich dann ein Abfall des Photostroms (Abb. 6).

Ist die Grenzfläche zwischen zwei Medien nicht gut ausgebildet, so tritt nur eine langsame Änderung des Photostroms ein. Dieser Fall ergibt sich, wenn durch das erstmalige Einfahren der Sonde die an den Bohrlochwänden abgelagerten Schmutzpartikelchen losgelöst werden und das im Bohrloch stehende Wasser trüben. Es zeigt sich bei späteren Messungen eine allgemeine Amplitudenverringerung gegenüber den Kurven der ersten Messungen.

Interessant ist der Verlauf der Meßkurven einer Schrägbohrung (Abb. 8) am Bohrlochtiefsten. Der Abfall des Photostroms ist hier fast absolut. Die geringe noch vorhandene Intensität ist wohl durch die Reflexion der Lichtstrahlen an festen Teilchen der Bohrlochtrübe zu erklären. Bei der ersten Messung trat der Abfall des Photostroms bei 55 m Teufe ein, bei der zweiten Messung (Ausfahrt der Sonde) dagegen bei 54 m. Die dritte Messung wurde nach einer Pause durchgeführt, und hier erfolgte der Abfall bei ca. 54,5 m. Der Abfall bei der vierten Messung begann etwa bei 53,7 m. Insgesamt läßt sich somit aus dem Verlauf der Meßkurven das Aufwirbeln des Bodensatzes erkennen und dadurch die Veränderung des Mediums einschätzen.

Verändert sich also das Medium allmählich, so wird durch mehrfache Messungen eine sichere Aussage möglich sein.

Laboratoriumsversuche an Gesteinen

An einer Reihe von Gesteinsproben (Sammlungsmaterial) sind Helligkeitsmessungen durchgeführt worden. Die Proben waren planparallel geschliffen und zum größten Teil poliert. Die Ergebnisse sind in den Abb. 7 und 5 dargestellt. Als Kontrolle diente das Reflexionsverhalten eines schwarzen Papiers.

Die verwendeten Proben können nicht in jedem Fall als charakteristisch für das Gestein angesehen werden, dem sie entstammen. Trotzdem lassen sowohl die zusammengefaßte Schichtenfolge einer Bohrung im Zechstein (Abb. 7) als auch die Schichtenfolge des Schwarz-

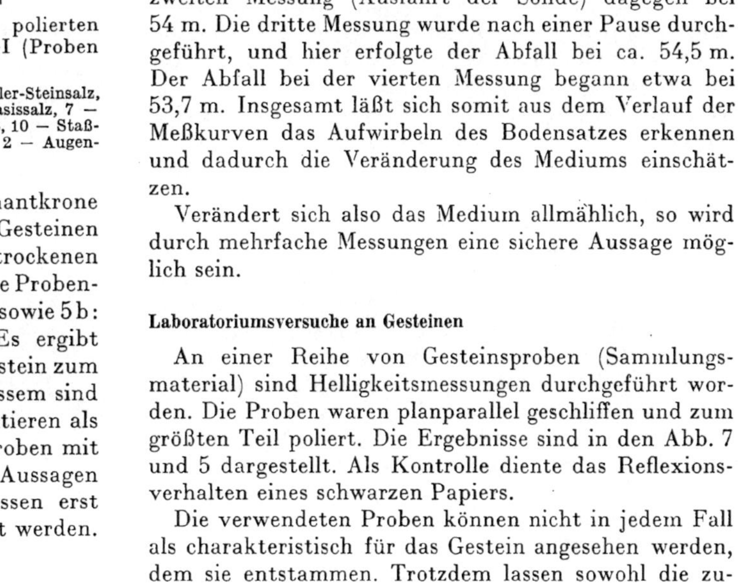

Abb. 8. Ausschnitt aus der Messung einer Schrägbohrung

burger Sattels (Abb. 5) gut nachweisbare Reflexionsunterschiede erkennen.

Untersuchung in Untertagebohrungen

Die erste praktische Erprobung der Sonde erfolgte in einer vertikalen Schwerspaterkundungsbohrung, die einen sehr hohen Kerngewinn gebracht hatte und deswegen für eine Kontrolle der Reflexionsmeßergebnisse gut geeignet war. Die Messungen erfolgten in Abständen von 10 zu 10 cm, zum Teil von 5 zu 5 cm. Es gelang mit Hilfe der Sonde, die Schwerspatgangmächtigkeit in dieser Bohrung mit ausreichender Genauigkeit festzulegen.

Die bereits erwähnte Schrägbohrung hatte im Schwerspatgangbereich nur 13% Kerngewinn. Zur Klärung der Verhältnisse wurde der Gangbereich (ca. 2 m Mächtigkeit) in Abständen von 5 zu 5 cm ausgemessen. Es traten vier Maxima auf, die sich beträchtlich über ihre Umgebung herausheben. Dabei handelt es sich um 5 bis 15 cm breite Zonen von hellem Schwerspat. Ob die dazwischenliegenden Minima dunkel gefärbten oder kavernösen Gangteil- oder Nebengesteinszonen entsprechen, kann nicht entschieden werden. Es ergab sich, daß heller Schwerspat nur in einer Gesamtmächtigkeit von 45 cm, aufgespalten in vier Teile, vorliegt.

Der Einsatz einer verbesserten Sondenausführung erfolgte in einer Horizontalbohrung von 16 m Länge. Der Bohrdurchmesser betrug 46 mm und lag somit nur wenig über dem Durchmesser der Sonde. Die Bohrung wurde mit Diamantkrone gebohrt. Der durchschnittliche Kerngewinn des Bohrlochs betrug etwa 70% (Abb. 9). In einem Fiedertrum, das aus ziemlich reinem Baryt bestand, betrug der Kerngewinn zwischen 13 und 25% und in der Hauptgangzone, die zum größten Teil aus stark verquarztem Baryt bestand, zwischen 30 und 70%. Die Messungen wurden jeweils von 10 zu 10 cm vorgenommen.

Das Kurvenbild wird vielfach durch das Auftreten von schmalen, mit Roteisen imprägnierten Zonen (Klüften) beeinflußt, denen die Kurvenminima entsprechen; kleine Kurvenmaxima sind durch Quarzknauern und helle Phyllitlagen verursacht.

Im Kurvenbild treten drei Extremwertbereiche hervor. Die bei 4,35 m auftretenden sehr schmalen Extremwerte kennzeichnen eine mineralisierte Störung — das Maximum ist auf eine Verquarzung, das Minimum auf eine Roteisenimprägnation bzw. auf im Quarz auftretende kleine Hohlräume zurückzuführen.

Das Fiedertrum liegt zwischen 6,40 und 7,40 m. Den relativ hellen Schwerspatzonen entsprechen die drei ausgeprägten Maxima, den dazwischenliegenden Roteisenimprägnationen die Minima. Es lassen sich drei Barytzonen von je 20—30 cm Mächtigkeit festlegen, die durch schmale Roteisenimprägnationen getrennt werden.

Die Hauptgangzone wird allgemein durch allmählichen Anstieg und Abfall der Reflexionswerte gekennzeichnet (Beginn bei 12,30 m). Auftretende Maxima um 12,80 m und 13,80 m sind auf helleren Baryt zurückzuführen. Zwischen 13,80 und 14,75 m liegt ein stark verquarzter Baryt vor, der sehr hohe Reflexionswerte verursacht. Von 14,75 bis 15,20 m ist der Baryt bedeutend weniger quarzhaltig. Der restliche Kurvenverlauf, der innerhalb der Hauptgangzone liegt, wurde durch Auftreten von Phylliteinlagerungen und verquarzten Barytpartien unregelmäßig gestaltet. Er hebt sich nur unwesentlich über die dem Phyllit entsprechenden Kurventeile heraus.

Ein gewisser Abfall der Werte machte sich durch die Leistungsabnahme des Akkumulators, der die Lichtquelle speiste, bemerkbar. Die Erhöhung der Speiseenergie, die bei der 2., 3. und 4. Messung ab 11,35 m Teufe vorgenommen wurde, führte zu einer relativen Steigerung der Reflexionsintensität. Zusammenfassend läßt sich über den Einsatz der Reflexionssonde in der Horizontalbohrung folgende Aussage machen:

Die sehr ähnlichen Bilder der vier Messungen haben die Reproduzierbarkeit der Ergebnisse und damit eine mögliche Abbildung der natürlichen Verhältnisse bewiesen. Überzeugend konnten kleine Intensitätsschwankungen auf nachweisbare Gesteinsinhomogenitäten zurückgeführt werden.

Es ist also mit Hilfe der Reflexionssonde möglich, Bohrlochabschnitte, aus deren Bereich nur ein geringer Kerngewinn vorliegt, genauer zu untersuchen und farblich unterschiedliche Gesteinsinhomogenitäten abzugrenzen.

Darüber hinaus läßt sich bei bekannter Mineralparagenese auch in gewissem Umfang eine qualitative Aussage über die Gesteinszusammensetzung machen.

Versuchsmessungen im Flußspat

Einige behelfsmäßig durchgeführte Messungen am Stoß ließen erkennen, daß die Gangmineralien und das Nebengestein keine großen Unterschiede im Reflexionsverhalten aufweisen, so daß die Reflexionssonde auf Flußspat nicht einsetzbar sein wird, sofern nicht ultraviolette Strahlung verwendet wird.

Erläuterung zu Abb. 9

I — Phyllit mit Quarzknauern, II — Ba SO_4, III — mit der Sonde erfaßte Quarzknauern, IV — stark verquarzter $BaSO_4$, V — mit Roteisen imprägnierte Zone, VI — Baryt mit Phylliteinlagerungen, VII — verquarzte Zone.

1 — 40d Deutung der Diagramme: 1 — kleine Spitze, bedingt durch relativ viel Hellglimmer, deren 001 ± // der Bohrlochachse liegt, 2 — Abfall, bedingt durch Roteisenimprägnationszone an einer Kluft, 3 — Abfall, bedingt durch Roteisenimprägnationszone an einer Kluft, 4 — Spitze, bedingt durch Quarzknauern ?, 5 — Abfall, bedingt durch Roteisenimprägnation, 6 — Abfall, bedingt durch dunklen Phyllit, 7 — Spitze, bedingt durch Hellglimmerreichtum, 001 // Bohrlochachse, 8 — flache Tieflage, bedingt durch Roteisenimprägnation, 9 — Störung, drusige Ausbildung, mit kl. Drusen bis 10 mm Länge, die mit Eisenglanz oder Quarzrosen ausgeblutet sind. Der Abfall ist durch Hohlräume und Roteisenimprägn., die Spitze durch weißen Quarz verursacht; 10 — Spitze, bedingt durch hellen Phyllit, 11 — Abfall, bedingt durch Roteisenimprägnation, 12 — Abfall, bedingt durch Roteisenimprägnation, 13 — Spitze, bedingt durch verquarzten Phyllit, 14 — Abfall, bedingt durch Roteisenimprägnation, 15 — Spitze, bedingt durch $BaSO_4$, 16 — Abfall, bedingt durch Roteisenimprägnation, 17 — Spitze, bedingt durch $BaSO_4$, 18 — Abfall, bedingt durch Roteisenimprägnation, 19 — Spitze, bedingt durch $BaSO_4$, 20 — Abfall, bedingt durch Roteisenimprägnation, 21 — Abfall, bedingt durch Roteisenimprägnation, 22 — Spitze, bedingt durch Quarzknauern, 23 — Abfall, bedingt durch Roteisenimprägnation ?, 24 — Spitze, bedingt durch verquarzte Partie, 25 — Spitze, bedingt durch Quarzknauern, 26 — Abfall, bedingt durch Roteisenimprägnation, 27 — Spitze, bedingt durch Quarzknauern, 28 — Spitze, bedingt durch hellen Phyllit, 29 — Abfall, bedingt durch Roteisenimprägnation, 30 — Spitze, bedingt durch hellen Phyllit, 31 — Abfall, bedingt durch Roteisenimprägnation, 32 — Abfall, bedingt durch Roteisenimprägnation, 33 — Spitze, bedingt durch $BaSO_4$-Schmitze? 34 — flache Spitze, bedingt durch $BaSO_4$-Schmitze? 35 — Abfall, bedingt durch Roteisenimprägnation, 36 — Spitze, bedingt durch $BaSO_4$-Schmitze, leicht rötlich; 37 — Baryt mit Phylliteinlagerungen, 38 — stark verquarzter Baryt, 39 — stark verquarzter Baryt, 39a — im oberen Teil stärker verquarzt, heller; 39b — im unteren Teil barythaltiger, etwas dunkler gefärbt; 40 — Baryt mit Phylliteinlagerungen, 40a — Baryt mit Roteiseneinlagerungen, 40b — Schiefer, 40c — verquarzter Baryt, 40d — Baryt.

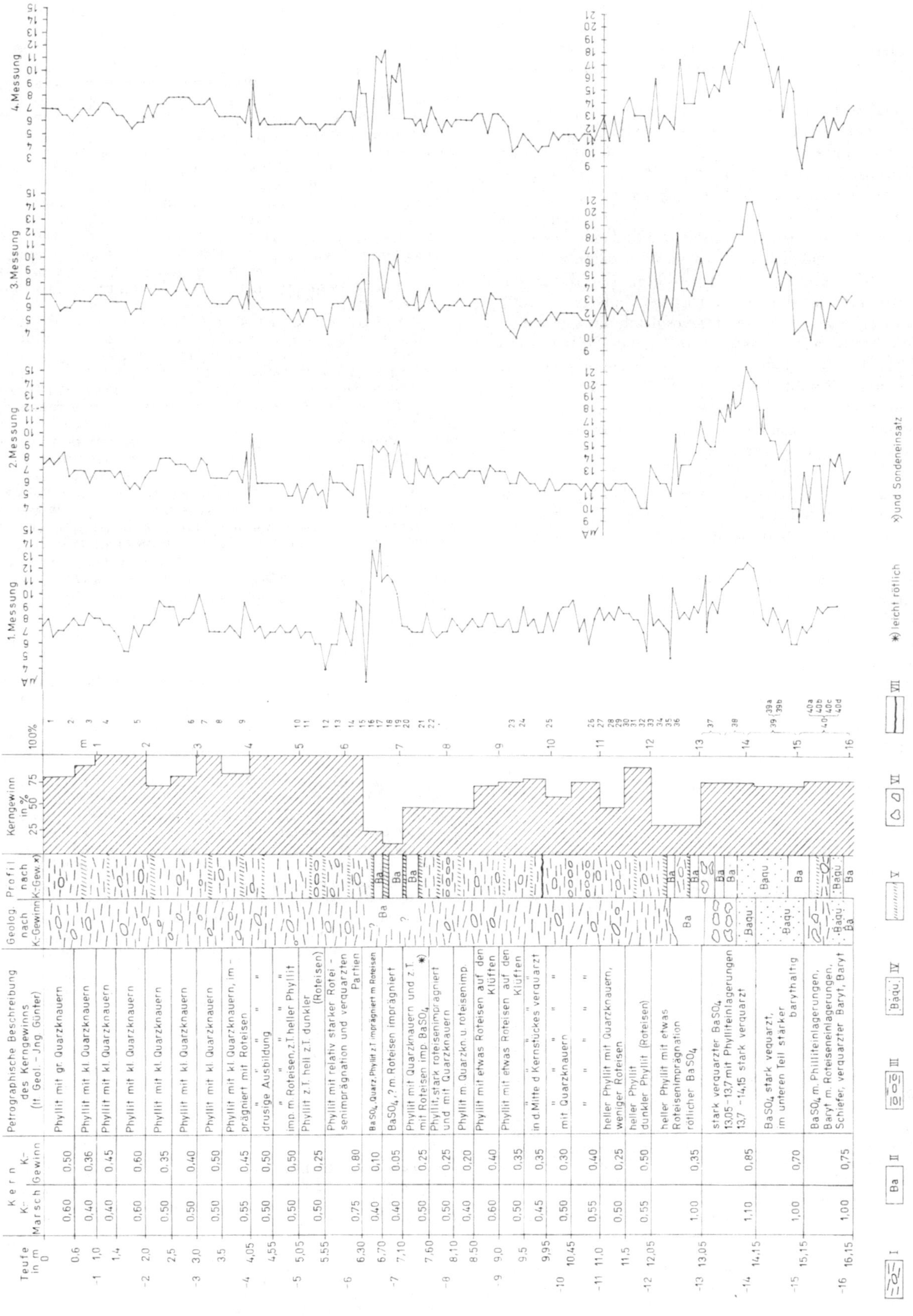

Abb. 9. Reflexionsmessung in einer Horizontalbohrung

Schlußbemerkungen

Das beschriebene Gerät und die damit durchgeführten Untersuchungen zeigen, daß es möglich ist, anhand der Reflexionsunterschiede reproduzierbare Werte über die Beschaffenheit der Gesteine im Bohrloch zu erhalten.

Die bisherigen Ergebnisse lassen erwarten, daß die Reflexionssonde nicht nur im Schwerspatbergbau erfolgreich einzusetzen ist. Es muß nur die Bedingung gestellt werden, daß das Medium (Luft, Wasser), welches das Bohrloch ausfüllt, relativ durchsichtig ist.

In der Regel wird die Sonde in Gebieten eingesetzt werden, deren Geologie bekannt ist, so daß eine Deutung der Meßkurven möglich ist. Dies wird vor allem während der Durchführung von Vorerkundungs- und Erkundungsarbeiten der Fall sein. Da die Meßwerte häufig mehrdeutig sein können, ist der Vergleich mit der untersuchten stofflichen Substanz auf jeden Fall durchzuführen. Ob dies anhand von Bohrkernen oder mit Hilfe von Bohrmehl erfolgen muß, hängt von den jeweiligen Verhältnissen ab. Die Entfernung z. B. eines Schwerspatganges von der Bohrlochmündung und seine Mächtigkeit können exakt festgestellt werden. Dies ist sehr wichtig, da im Gangbereich der Kerngewinn häufig gering und die auf ihn gegründete Aussage oft unsicher ist. Mehrdeutig können die Ergebnisse nur im Hinblick auf die Qualität der untersuchten Gesteine sein.

Betrachtet man die Reflexionsmessung als eine ergänzende Aussage, das heißt, deutet man die Meßkurve mit Hilfe des gewonnenen Gesteinsmaterials, so kann die Aussage voraussichtlich eine solche Sicherheit erreichen, daß bergmännische Aufschlußarbeiten zum Nachweis von Erz- und anderen Gängen zugunsten von Bohrungen eingeschränkt werden können.

Eine weitere wichtige Einsatzmöglichkeit der Sonde besteht z. B. darin, das Gebiet zwischen zwei Querschlägen mit Hilfe von Bohrungen, die mit dem normalen Preßlufthammer gebohrt werden, auf Fiedertrümer zu untersuchen.

Zusammenfassung

Es wurde eine Reflexionssonde entwickelt und erprobt, die im Bohrloch mit Hilfe von Photozellen die Helligkeit von Gesteinen feststellt. Das Gerät ist vor allem für den Untertageeinsatz gedacht und entsprechend einfach gebaut. Es ist billig und leicht zu handhaben. Das Arbeitsprinzip des Geräts setzt voraus, daß es nur in relativ durchsichtigen Medien (Luft, klares bis leicht gefärbtes Wasser) eingesetzt wird. Das Gerät arbeitet mit weißem Licht. Die Verwendung monochromatischen Lichtes ist im Prinzip möglich, jedoch noch nicht erprobt. Es gelang im Laboratorium und in der praktischen Erprobung, Gesteine verschiedener Helligkeiten voneinander zu trennen. Die praktische Erprobung wurde in mehreren Untertagebohrungen mit Erfolg vorgenommen.

Außer dem Nachweis der Reproduzierbarkeit der Messungen ergab sich, daß die Gangmächtigkeit und die Entfernung des Ganges von der Bohrlochmündung exakt festzustellen sind. Unter bestimmten Bedingungen ist auch eine qualitative Aussage über die Mineralparagenesen eines Ganges möglich. Somit ist hier die Möglichkeit gegeben, u. a. die Nachteile mangelnden Kerngewinns durch den Einsatz der Sonde weitgehend auszugleichen. Die Deutung der Meßkurve muß auf der Grundlage bekannter geologischer Verhältnisse bzw. des Bohrkerns oder Bohrkleins erfolgen. In Kombinationen mit anderen Geräten, z. B. mit einem Radiometer oder mit einem Trockenbohrmehlabsaugegerät, ist der Aussagewert erheblich größer. Das Gerät ist außer im Schwerspatbergbau auch im Gangerzbergbau anwendbar. Vor allem kann es im Vorerkundungs- und Erkundungsstadium nutzbringend eingesetzt werden.

Резюме

Развит и испытан прибор для измерения яркости пород в буровых скважинах при помощи фотоклеток. Прибор прежде всего предназначен для работы в подземных условиях и он соответственно просто сконструирован. Он дешевый и несложный в употреблении. Принцип работы прибора предполагает его применение только в относительно прозрачной среде (воздух, чистая до слабо окрашенная вода). Прибор работает при белом свете. Применение монохроматического света в принципе возможно, но еще не испытано. В лаборатории и при практическом испытании удалось различить породы разной яркости. Практическое испытание при нескольких подземных бурениях дало хороший результат.

Кроме доказательства воспроизводимости измерений оказалось, что этим методом можно точно определить мощность жил и расстояние жил от устья скважин. При определенных условиях возможно также качественное определение парагенетических ассоциаций минералов жилы. Этим дается возможность выравнивать недостатки из-за плохого процента выхода керна применением данного прибора. Интерпретация кривой измерения производится на основании известных геологических условий, бурового керна или буровой муки. В совмещении с другими приборами, напр. с радиометром или с прибором для отсасывания буровой муки при бурении с промывкой воздухом, ценность измерения значительно повышается. Прибор можно применять не только при разведке барита, но и при разведке жильных рудных месторождений. Его применение прежде всего полезно в стадиях предварительной и детальной разведки.

Summary

A reflection probe using photoelectric cells for the determination of rock brightness in the borehole was developed and tested. The probe is primarily provided for underground uses and, consequently, is of simple design, inexpensive and easy to handle. Its working principle implies uses only in a relatively transparent medium (air, clear to slightly coloured water). White light is used, but monochromatic light is usable in principle, needs however being tested. Laboratory and practical tests have succeeded in separating rocks of different brightness. Practical tests were successfully carried out in several underground boreholes.

Tests besides demonstrating the reproducibility of measurements have shown that the vein thickness and distance between vein and mouth of borehole can be exactly determined. Under certain conditions it is also possible to make qualitative statements of the paragenesis of minerals in a vein. Thus, inter alia, the probe widely compensates disadvantages to be ascribed to the absence of a core recovery. The interpretation of the diagram must be based on known geological conditions and on the core or cuttings respectively. It considerably increases in value by combining the probe with other devices, for example with a radiometer or a suction plant for dry bore-dust. Applications of the probe include vein-ore in addition to barite mining, where it shows advantage in the preliminary reconnaissance and reconnaissance stages.

Literatur

BOLDUAN, H. & G. RICHTER: Eine neue Bemusterungsmethode für Gangerzlagerstätten. — Z. angew. Geol., 8, S. 253—257, Berlin 1962.

BRÖCKER, H. E. & G. DIETRICH: Möglichkeiten der Bohrstaubbekämpfung unter besonderer Berücksichtigung des Trockenbohr-Absaugverfahrens im Erzbergbau. — Bergbautechnik, 8, S. 507—518, Berlin 1958.

GASANOW, D. A. & A. W. USAKOW: Lumineszenzmethode zur Untersuchung von Bohrungen. — Aserb. neftj. chosj., 10, S. 9—12 (1961).

GÖRLICH, P.: Die Anwendung der Photozellen. — Techn.-phys. Monographien, Akad. Verl.-Ges. Geest & Portig, Leipzig.

LEWIEN, E.: Mechanisierung der Probenahme bei untertägigen geologischen Erkundungsarbeiten. — Z. angew. Geol., 6, S. 513—414, Berlin 1960.

— Bohrlochuntersuchungsgerät für die geologische Erkundung. — Z. angew. Geol., 2, S. 260—270, Berlin 1956.

Zeitschrift für angewandte Geologie, Bd. 10 (1964) Heft 3

Geländesenkungen und Bauwerksschäden in Auslaugungsgebieten[1]

FRITZ REUTER, Berlin

(Mitteilung aus dem Zentralen Geologischen Institut, Berlin)

Grundlagen

Der Ablauf von Geländesenkungen in Gebieten, die der Auslaugung unterliegen, gestaltet sich in gewisser Beziehung ähnlich den Bodenbewegungsvorgängen über bergbaulichen Abbauen. Die Vorgänge, die sich im Deckgebirge und an der Geländeoberfläche abspielen, sind von O. NIEMCZYK (1949) und K. LEHMANN (1919/20) anschaulich beschrieben worden. Die Senkungen verlaufen nach der sogenannten LEHMANNschen Trogtheorie. Die durch zahlreiche Vermessungen nachgewiesenen Bewegungen zeigen außer der vertikalen auch eine horizontale Komponente. Ihre Resultierende weist in Richtung des Substanzverlustes im Untergrund. Je mehr man sich der Mitte der Senkungsmulde nähert, desto steiler verläuft die Resultierende; genau in der Mitte tritt nur eine vertikale Bewegung auf. Als Grenzwinkel bezeichnet man den Winkel, den eine gedachte Horizontale im Niveau der Oberkante eines unterirdischen Hohlraumes mit einer Linie bildet, die vom Ende des Hohlraumes bis zu der Stelle an der Geländeoberfläche verläuft, an der keine horizontalen oder vertikalen Bewegungen mehr nachweisbar sind. Von den Rändern einer Senkungsmulde her nehmen die horizontal gerichteten Bewegungen zunächst zu und dann wieder ab. Im erstgenannten Bereich treten Zerrungsformen, im zweiten Pressungen auf. Den Winkel, der durch eine Linie, die vom Bereich stärkster Zerrungen bis zum äußersten Punkt des unterirdischen Hohlraumes verläuft und einer Horizontalen im Niveau des Hohlraumes gebildet wird, bezeichnet man als Bruchwinkel. Eine Vorstellung über den Bewegungsablauf und eine Orientierung über die verwendeten Begriffe vermittelt Abb. 1.

Da es sich sowohl bei untertägigen bergmännischen Abbauen als auch bei Auslaugungserscheinungen um Substanzverluste im Untergrund handelt, muß man vorerst einmal annehmen, daß die oberflächigen Geländebewegungen gleich verlaufen. Das ist auch bis zu einem gewissen Stadium tatsächlich der Fall. Allerdings ist dabei zu beachten, daß die Hohlräume, die vom Bergbau verursacht werden, im Höchstfalle in der Größenordnung von nur einigen Metern liegen. Nicht selten betragen die Hohlräume nur 1 m oder weniger — mit Ausnahme der großen Abbaue im Salzbergbau, die aber hier sicher unberücksichtigt bleiben können. Bei Auslaugungserscheinungen muß man mit Substanzverlusten rechnen, die in vielen Fällen einen Hohlraum von weit mehr als 10 m — sogar bis über 100 m — Höhe ausmachen würden. Man kann dabei annehmen, daß die durch die Senkungsvorgänge geschaffene neue Oberflächenmorphologie im Bergbau, wo die Senkungen nur gering sind, keine besondere Rolle spielt. Demgegenüber muß man bei dem durch Auslaugungserscheinungen neu geschaffenen starken Oberflächenrelief mit weiteren Faktoren rechnen, die den Bewegungsablauf der oberen Bodenschichten in der Zerrungs- und Pressungszone (s. Abb. 1) maßgebend beeinflussen.

An den Rändern von Senkungskesseln tritt ganz ähnlich wie an Talhängen des Gebirges ein Hanggleiten auf, das ganz erhebliche Ausmaße annehmen kann, und zwar um so mehr, wenn die Schichten in Oberflächennähe aus bindigen Gesteinen bestehen und je höher der Wassergehalt dieser Gesteine ist.

Weiterhin ist zu beachten, daß die Senkungen laufend in Form von ± starken kleinen Gebirgsentspannungen vor sich gehen; das sind Erschütterungen, die seismisch nachgewiesen werden können. Diese Erschütterungen übertragen sich auch auf das gesamte in Absenkung begriffene Deckgebirge. Gleitende Hangbewegungen, die bei relativ flachen Hangneigungen unter normalen Bedingungen nur äußerst langsam verlaufen würden, können dadurch um das Mehrfache intensiviert werden.

In Gebieten mit vollständig oder teilweise geschlossener Bebauung sind weitere Faktoren wirksam, die die

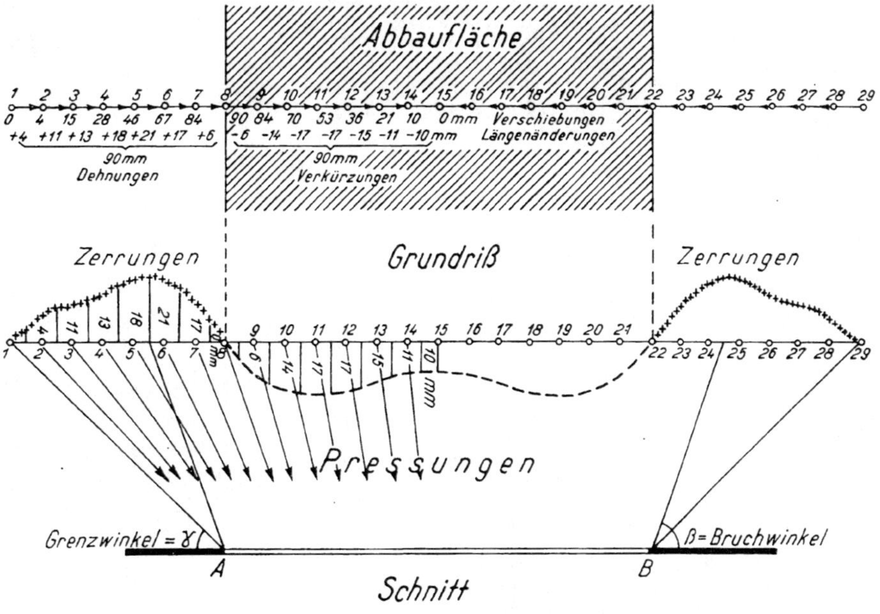

Abb. 1. Bildung einer Senkungsmulde (etwas umgezeichnet nach NIEMCZYK)

[1]) Eingang des Manuskripts in der Redaktion: 27. 3. 1963.

Deutung des Bewegungsablaufs sehr erschweren können. Der ganze Senkungsrhythmus wird nicht selten äußerst undurchsichtig. „Pressungsformen" werden dabei viel häufiger als „Zerrungsformen" beobachtet. Die Ursache hierfür liegt m. E. darin begründet, daß die „geschlossene Bebauung" fast immer nur eine Erscheinungsform sichtbar werden läßt. Der Bereich der „Pressungserscheinungen" greift bei geschlossener Bebauung auch auf den Bereich über, der theoretisch das „Gebiet der Zerrungen" umfaßt. Während also die Boden- und Untergrundschichten tatsächlich eine ± große Bewegung in Richtung zur Trogmitte ausführen und sich in Zerrungs- und Pressungszone untergliedern lassen, wirkt der gesamte bebaute Komplex als relativ starre Masse, und alle zur Trogmitte gerichteten Bewegungen werden nur Stauchungs- bzw. Pressungserscheinungen in den Gebäuden hervorrufen. Ob nun z. B. das eine Bauwerk Pressungs- und das andere Zerrungsformen erkennen läßt, ist dabei weitgehend von seiner Konstruktion abhängig. Vorliegende Beobachtungen besagen, daß als „geschlossene Bebauung" im obengenannten Sinne nicht nur solche Stadt- oder Dorfteile zu gelten haben, in denen Haus an Haus steht, sondern hierzu auch bebaute Flächen, die oberflächig durch gepflasterte Straßen und Höfe oder durch Garten- und Hofmauern verbunden sind, zählen. Es deutet vieles darauf hin, daß auch die oberen, relativ trockenen Bodenschichten (der Grundwasserspiegel ist ja in Dörfern und Städten immer etwas abgesenkt) die Bewegungen zwischen den Bauwerken übertragen können.

Es erhebt sich nun die Frage, ob die Unterscheidung der einzelnen Bewegungsabläufe nicht nur wissenschaftliches Interesse hervorruft, sondern auch für die praktische Begutachtung und die Bebauung eine Bedeutung hat. Es sind vor allem zwei Gesichtspunkte maßgebend.

1. Bei fortschreitender Auslaugung von leicht löslichen Gesteinen des Untergrundes wird das Oberflächenrelief in einem Senkungskessel immer steilere Formen annehmen. Solange die Auslaugung wirksam ist, wird man mit Gleitbewegungen von stetig wachsendem Ausmaße rechnen müssen. Sollte die Auslaugung zur Ruhe kommen, wird nur ein „normales Hanggleiten" auftreten. Demgegenüber wird bei Auslaugungserscheinungen, die ein flachwelliges Oberflächenrelief hervorrufen, häufig mit einem Wandern der Auslaugung zu rechnen sein (für diese Annahme gibt es viele Beispiele), so daß also auch Pressungs- und Zerrungserscheinungen ihre Lage innerhalb kürzerer Zeiten wechseln können.

Bezüglich der Stadt- und Dorfplanung bedeutet dies, daß im ersten Fall eine bauliche Nutzung auf sehr lange Zeit ausgeschlossen ist, während im zweiten Fall eine Nutzung schon nach relativ kurzer Zeit, unter Umständen nach 10 bis 20 Jahren, wieder möglich ist oder im Falle von Bauschäden durchaus die Möglichkeit besteht, daß sie bald wieder abklingen. Ein typisches Beispiel hierfür ist der im Bereich der Johanniskirche liegende Stadtteil von Staßfurt. Nach dem ersten Weltkrieg glaubte man, daß die Senkungserscheinungen bedrohliche Formen annehmen würden; heute ist dieser Stadtteil aber immer noch bewohnbar. Allerdings scheint sich das Senkungszentrum in Richtung einer „stehengebliebenen Salzinsel" zu verlagern.

2. In bebauten Gebieten ist es gar nicht oder nur schwer möglich, die Grenzen eines Senkungsgebietes nach Zerrungs- und Pressungsformen zu ermitteln, da derartige Formen einmal von der Konstruktion der Bauwerke abhängig sind und sich zum anderen die Untergrundbewegungen bei geschlossener Bebauung überwiegend als Pressungsformen übertragen. Eine eindeutige Kartierung von Senkungsmulden ist nur vermittels nivellitischer Vermessungen möglich. Für eine ingenieurgeologische Erkundung ist auch ein Verfahren geeignet, das man als nivellitische Methode zur Bestimmung von Schiefstellungen (THOMAS 1963) bezeichnen könnte.

Die vorstehend dargelegten Vorstellungen beruhen auf Beobachtungen im Gelände und in bebauten Stadtteilen. Sie zeigen, daß eine eindeutige Beurteilung von Senkungserscheinungen nur möglich ist, wenn man eine komplexe Auswertung aller Geländeverhältnisse und -erscheinungen vornimmt. Die Grundlage der Vorstellungen über Senkungen in Auslaugungsgebieten bildet selbstverständlich, genau wie beim Bergbau, die LEHMANNsche Trogtheorie. Sie erfährt aber gewisse Modifikationen, die in den örtlichen Verhältnissen begründet sind. Einige nachfolgend zu schildernde Beispiele sollen die Richtigkeit dieser Ansicht bekräftigen.

Großerdfall in Frankenhausen

Im Bereich der Oberkirchgasse und des Kurhauses liegt ein sogenannter Großerdfall vor. Die Vorstellung, daß der Großerdfall aus mehreren kleinen Erdfällen über einem Hohlraum im Gips gebildet wird und daß die Lockergesteine im Hangenden des Gipses durch die kleinen Erdfälle in den Hohlraum „abgezogen" werden, wurde von REUTER (1962) näher begründet. Durch das Abwandern der Massen in den Untergrund besteht an den Hängen des Großerdfalles die Möglichkeit von Gleiterscheinungen, die sich auf die geschlossene Bebauung übertragen. Der Substanzverlust und das Wandern der Lockergesteinsdecke äußern sich teils durch Schiefstellung der Gebäude, teils durch eine Einengung der Geländeoberfläche. Eine Zone von Zerrungserscheinungen ist im Bereich des Großerdfalles Frankenhausen nicht eindeutig zu erkennen. Die Raumeinengung ist in einem Fachwerkhaus (Abb. 2) anhand der Durchbiegung der Balken sehr gut zu erkennen. Aufwölbungen im Kleinpflaster eines Weges, der zwischen zwei Häusern verläuft, sind ein weiterer Hinweis für Pressungen. Der Druck wird auch auf Giebelwände übertragen, an denen sich Eindellungen zeigen. Decken und Längswände zeichnen sich durch Abscherungen oder Ausbeulungen ab, die eine Bewegung in entgegengesetzter Richtung andeuten.

Die LEHMANNsche Trogtheorie ist für das vorstehende Beispiel nur bedingt gültig; denn trotz des Entstehens eines Erdfalles stellt der Gips des Untergrundes praktisch einen relativ stabilen, d. h. hinsichtlich der Senkungen und Wanderungen zur Trogmitte nicht mehr

Abb. 2. Fachwerkhaus im „Großerdfall" von Bad Frankenhausen

veränderlichen, Untergrund dar. Das aus Lockergesteinen bestehende Deckgebirge wird nur unmittelbar über einem Erdfall in direkte Senkungsbewegungen einbezogen. Hier ist ein Grenzwinkel anzusetzen, der etwa dem natürlichen Böschungswinkel des Lockergesteins entspricht. In diesem Falle kann es sich aber nur um einen Wirkungskreis handeln, dessen Durchmesser höchstens einige Meter beträgt. Für den größten Teil des „Senkungsgebietes" muß man also Gleitbewegungen an den Hängen annehmen. Gerade deshalb ist dieses Beispiel sehr gut geeignet, um zu zeigen, welche Bewegungen auf Kosten der reinen Senkungserscheinungen und welche auf andere geologische Faktoren kommen. Eine Nichtbeachtung der Komplexheit der geologischen Erscheinungen würde zu einer völlig falschen Einschätzung des Gefährlichkeitsgrads führen. Die Gefahren, die durch Senkungen verursacht werden, sind bei weitem geringer als diejenigen, die das Hanggleiten mit sich bringt. Maßnahmen zur Erhaltung von bestehenden Bauwerken müssen sich also im überwiegenden Teil des Großerdfallbereiches gegen Hanggleiten und nicht gegen Senkungen richten.

Von Reuter (1962, S. 135) wurden geeignete Vorschläge kurz diskutiert.

Feldscheune im Senkungskessel von Rollsdorf

Wenn man auf der von Halle in Richtung Eisleben führenden Landstraße den Senkungskessel von Rollsdorf betritt, so erblickt man vor der ersten Rechtskurve auf der linken Straßenseite eine kleine Feldscheune, die etwas abseits der Straße an einem Feldweg liegt. Zwischen der Straße und dem weiter in südwestlicher Richtung liegenden Binder See befindet man sich noch in flacher Hanglage. Die Scheune ist in ihrer Längsrichtung senkrecht zum Hang orientiert.

Beim Rollsdorfer Senkungskessel handelt es sich um eine ausgeprägte Senkungsform (v. Hoyningen-Huene 1959, F. & R. Reuter 1962). Das Gelände zeigt hier einen Höhenunterschied von rund 90 m, so daß man mit der Ablaugung von Salzschichten rechnen kann, deren Mächtigkeit ebenfalls in dieser Größenordnung liegt Betrachtet man die Entstehung dieser Senkungsform, so muß man annehmen, daß zu Beginn der Auslaugung die Senkungsbewegungen im Sinne der Lehmannschen Trogtheorie verlaufen sind. Jedoch trat bei der Herausbildung der großen Reliefunterschiede außer der reinen Senkungsbewegung in stärkerem Maße eine zweite Komponente, nämlich das Hanggleiten, in Erscheinung. Es ist heute sicher schwer zu entscheiden, welche Bewegungsgröße zu diesem und welche zu jenem Vorgang gehört. Tatsache ist aber, daß die Komponente des Hanggleitens laufend an Größe zugenommen hat und heute wahrscheinlich sogar überwiegt. Die obenerwähnte Scheune stellt ein ausgezeichnetes Anschauungsobjekt dar. Auch bei ihr sind an den Giebelseiten Einbeulungen zu beobachten, die in der Mitte des Giebels und unmittelbar an der Erdoberfläche am stärksten in Erscheinung treten. Die Längswände, die infolge des auf der Bergseite wirkenden Druckes und infolge der Reibung ihrer Fundamente im hangabwärts wandernden Erdreich die Bewegung übertragen, zeichnen sich an den Giebelwänden, teilweise auch durch Rißbildungen, deutlich ab. Die seeseitige Giebelwand ist wesentlich stärker eingedrückt als die hangseitige. Selbstverständlich wirkt das seeseitige Erdreich mindestens passiv als Widerlager dem Hanggleiten entgegen. Gerade die stärkere Einbeulung der seeseitigen Giebelwand deutet darauf hin, daß die Hauptbewegung talwärts (als Hanggleiten) gerichtet ist, da die Übertragung der Bewegung an mindestens drei Elementen erfolgt, nämlich an der hangseitigen Giebelwand und an beiden Längswänden. Dementgegen wirkt das Erdreich an der seeseitigen Giebelwand fast nur passiv, weshalb auch hier die stärksten Deformationen auftreten, denn die aufgewendete Energie an drei Bauwerksteilen wird nur durch die aufgewendete Kraft an einem Bauwerksteil kompensiert. Wäre die Hauptbewegungsrichtung aber als Pressung in der Senkungsmulde zu deuten, müßten die Deformationen auf beiden Giebelseiten etwa gleich, eventuell auf der Hangseite auch stärker sein (Abb. 3).

Abb. 3. Kleine Feldscheune im Senkungskessel von Rollsdorf

Abb. 4. Senkungskessel in Volkstedt

Deformationen in Erdeborn

Im Ort Erdeborn befindet sich an der Schulstraße ein kleiner Senkungskessel, der ebenfalls deutliche Reliefunterschiede erkennen läßt. Auch hier zeigen sich an manchen Gebäuden, und zwar vorwiegend an den talseitigen Fronten, Einbeulungen und Abscherungen, die in gutem Einklang mit den oben geschilderten Vorstellungen stehen. Sie sollen hier nur Erwähnung finden, eine weitere Diskussion erübrigt sich.

Gebäudeschäden in einem Senkungskessel in der Ortslage Volkstedt

Am nordwestlichen Ende des großen Senkungsgebietes der Mansfelder Seen beobachtet man viele kleine

Senkungskessel, die teils im unbebauten Gelände, teils aber auch im Bereich von Straßen und Ortschaften liegen und hier ± starke Bebauungsschäden verursacht haben. Ein kleiner Senkungskessel in Volkstedt ist insofern ein ausgezeichnetes Studienobjekt, da mehrere Bauwerke (Gebäude, Straßen, Mauern) in Mitleidenschaft gezogen wurden. Die Senkungsform (Abb. 4) hat sich erst in den letzten 20 Jahren gebildet. Auf älteren Fotos kann man noch die völlig ebene Straße sehen. Die Schieflage der Häuser hat inzwischen solche Ausmaße erreicht, daß Möbel und Gegenstände durch das Unterlegen von mehreren Mauersteinen wieder in die waagerechte Lage gebracht werden mußten. Trotzdem sind die Gebäude äußerlich scheinbar wenig zerstört. Auf Abb. 5 (vorn rechts) ist zu sehen, daß ein Haus wegen Baufälligkeit bereits abgerissen werden mußte.

Versucht man nun die Pressungen und Zerrungen nach der LEHMANNschen Trogtheorie auf die vorliegende Senkungsform, die im Bereich der Abb. 5 etwa kreisförmig nach rechts verläuft, zu übertragen, so kann man grundsätzlich zweierlei feststellen:

1. Hinter dem vorn rechts stehenden Gebäude befindet sich Gartenland, also völlig unbebautes Gelände. Deutlich sind hier kleine Geländestufen und gelegentlich auch kleine Erdspalten (also Ausweitungsformen) zu erkennen.
2. In Richtung der Straße sind keine Zerrungen zu beobachten. Die entsprechende Zone müßte sich hier zwischen den ersten beiden Gebäuden (links Abb. 5) wiederfinden lassen. Als Zone der Pressungen im Sinne der LEHMANNschen Trogtheorie könnte man vielleicht die kleine Straßenaufwölbung (vorn links in Abb. 5) deuten, die sich aus dem Bild heraus noch fortsetzt.

Im Bereich des Volkstedter Senkungskessels ist die Wirkung der Kraftübertragung in einer geschlossenen Ortschaft deutlich zu beobachten. Die Übertragung der Pressungen ist bis in den Bereich der „Zerrungszone" zu bemerken. Als sichtbarer Beweis hierfür gilt das Eindrücken (über 1,0 m) einer niedrigen Gartenmauer zwischen den ersten beiden Häusern (links in Abb. 5, auch Abb. 6). Wie sich die Übertragung des Drucks auch aus anderen Richtungen, also nicht unmittelbar senkrecht zum Kesselrand, auswirkt, ist an den Aufwölbungen im Straßenpflaster sehr gut zu erkennen. Aufwölbungen im Kopfpflaster und auf Wegen, insbesondere im Bereich des dreigeschossigen Gebäudes (Abb. 5), sind keine Seltenheit. Um die Unregelmäßigkeiten auf dem Hof und im Torweg zu beseitigen, hilft man sich damit, daß z. B. bei Kleinpflaster eine Steinreihe herausgenommen und das Ganze wieder eingeebnet wird.

Über den Bewegungsablauf geben auch Abscherungsrisse am Schornstein der Waschküche im Keller des obengenannten dreigeschossigen Hauses Auskunft (Abb. 7). Das Bild zeigt die straßenseitige Kellerwand von der Hofseite aus gesehen. Am Schornstein und an den Wänden treten Abscherungsrisse auf, die anzeigen, daß das Erdreich unterhalb der Erdoberfläche eine Horizontalbewegung in Richtung zur Trogmitte machen könnte (also Zerrungen im Sinne der LEHMANNschen Trogtheorie). Unter Berücksichtigung der geschlossenen Bebauung kann man aber auch annehmen, daß der obere Teil des Kellers einer Pressung ausgesetzt ist. Das letztere gewinnt an Wahrscheinlichkeit, wenn man an die eingedrückte Mauer im Anschluß an das Haus denkt. Auf jeden Fall würde man auch hier zu ganz falschen Schlußfolgerungen kommen, wenn man nicht alle einwirkenden Faktoren berücksichtigt.

Gebäudeschäden an einem Bauernhof in Unterröblingen

Am Nordrand des Dorfes Unterröblingen liegt in einer Entfernung von etwa 50 bis 100 m südlich des ehemaligen Salzigen Sees ein Bauerngehöft, dessen einer Stall wegen Baufälligkeit abgerissen wurde (Abb. 8). Zum ehemaligen Salzigen See hin fällt das Gelände relativ steil ab. Der im Abriß befindliche Stall zeigt starke Bauschäden, die nur so gedeutet werden können, daß in der Nähe des Steilabfalles des Salzigen Sees eine Gleitbewegung in den oberen Schichten auftritt. Diese Bewegung müßte Zerrungen im gesamten Bereich hervorrufen, in dem sich die Gleitbewegungen auswirken können. Am Stallgebäude der Abb. 8, das in seiner

Abb. 5. Senkungskessel in Volkstedt

Abb. 6. Pressungserscheinungen an einer Gartenmauer im Senkungskessel von Volkstedt

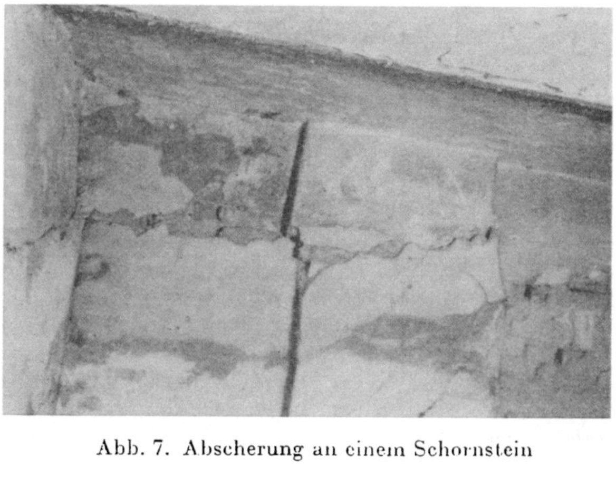

Abb. 7. Abscherung an einem Schornstein

Abb. 8. Gebäudeschäden in Unterröblingen

Längserstreckung senkrecht zum Rand des Salzigen Sees orientiert ist, sind aber überwiegend Pressungserscheinungen zu erkennen, und zwar immer an den Gebäudeteilen, die besonders zur Übertragung von Lasten durch Druck konstruiert worden sind. Unterhalb der Gewölbe, in den freien Türräumen, ist auf Grund der Zusammenschiebung zu erkennen, daß die Bewegungsrichtung immer zum ehemaligen Salzigen See hin verläuft. Die seeseitige Türleibung (links in Abb. 8) steht noch fast lotrecht, während die seeabseitige Türleibung (rechts in Abb. 8) immer einen Schub in Richtung zum See hin erkennen läßt.

Das Gebäude in Abb. 8 zeigt deutlich, daß die Kraftübertragung in einem Bauwerk ganz entscheidend durch seine Konstruktion beeinflußt werden kann.

Zusammenfassung

Bei der Beurteilung von Senkungsschäden ist eine richtige ingenieurgeologische Beurteilung der Senkungserscheinungen nur dann möglich, wenn alle einwirkenden Faktoren berücksichtigt werden. Die Grundlage der Beurteilung von Senkungserscheinungen bildet, genau wie bei bergbaulichen Bodensenkungen, die LEHMANNsche Trogtheorie. Als zusätzliche oder überwiegende Erscheinungen sind u. a. zu berücksichtigen:

1. Bei lange Zeit wirkenden Auslaugungen und der Bildung von Senkungskesseln treten Bewegungen auf, wie sie von steileren Talhängen als Hanggleiten bekannt sind.

2. Bei geschlossener Bebauung wirken sämtliche Versteifungen (Gebäude, Mauern, Pflaster) als Elemente, die die Kräfte übertragen, so daß in der gesamten Senkungsmulde möglicherweise nur Pressungserscheinungen erkennbar sind.

3. Bei der Beurteilung von Bauschäden sind die Konstruktionselemente eines Bauwerkes zu berücksichtigen.

Die Vorstellungen wurden anhand mehrerer Beispiele erläutert.

Резюме

При экспертизе повреждений от оседаний правильная инженерногеологическая оценка явлений оседаний возможна лишь в том случае, если учитываются все действующие факторы.

Основой оценки явлений оседаний является теория корытообразных форм ЛЕМАНа, применяемая также на оседания над подземными горными выработками. Добавочными или преобладающими явлениями надо между прочим учитывать:

1. При длительном выщелачивании и образовании цирков оседаний наблюдаются движения, известные на крутых склонах долин как скольжение склонов.

2. При сплошной застройке территории все жесткие связи (здания, стены, мостовые) являются элементами, передающими силы, так что во всей мульде оседания наблюдаются, может быть, только явления сжатия.

3. При оценке повреждений зданий надо учитывать элементы конструкции сооружения. Указанные явления разьясняются несколькими примерами.

Summary

In the evaluation of damages due to ground subsidence an accurate engineering-geological estimate is only possible, when all factors affecting the subsidence process are considered.

Just as in mine subsidences, the evaluation of ground subsidences is based on LEHMANNs trough theory. Additional or dominant processes to be considered include:

1. Movements found in long-time leaching periods and during the formation of cauldron subsidences, as they are known from steeper valley walls in the form of declitivities.

2. In a closed quarter all bracings (buildings, walls, pavement) act as elements which transmit forces, so that in the whole subsidence trough only compression phenomena may be recognized.

3. The evaluation of building damages must consider the constructional elements of a structure.

The aspects mentioned under points 1 to 3 are illustrated by some examples.

Literatur

HOYNINGEN-HUENE, E. v.: Salztektonik und Auslaugung im Gebiet der Mansfelder Seen. — Freib. Forsch.-H., C 56, Berlin 1959.

LEHMANN, K.: Bewegungsvorgänge bei der Bildung von Pingen und Trögen. — Glückauf, Essen 1919/20.

NIEMCZYK, O.: Bergschadenkunde. — Verlag Glückauf, Essen 1949.

REUTER, F.: Gebäudeschäden durch „Untergrundsenkungen" in Bad Frankenhausen (Kyffhäuser). — Z. angew. Geol., 8, 3, 132—137, Berlin 1962.

REUTER, F. & R.: Ingenieurgeologische Beurteilung und Klassifikation von Auslaugungserscheinungen. — Freib. Forsch.-H., C 127, 5—47, Berlin 1962.

THOMAS, A.: Ergebnisse von Beobachtungen und Messungen an den Auslaugungs- und Schadenserscheinungen in Helfta bei Eisleben (in Vorbereitung).

Graphische Rechenverfahren bei Vorratsberechnungen[1]

ACHIM GROSS, Wernigerode (Harz)

1. Zielsetzung

In letzter Zeit häufen sich Veröffentlichungen, die ein Abwenden von der Isolinienmethode bei der Berechnung von Lagerstättenvorräten zum Inhalt haben und dies mit dem zu hohen Arbeitsaufwand und einer Gegenüberstellung der Ergebnisse zu denen wesentlich zeitsparenderer Berechnungsmethoden begründen (z. B. K. SCHELLMOSER 1962). Der Wert der Isolinienmethode gegenüber diesen anderen Berechnungsarten (meist die Methode des arithmetischen Durchschnitts und deren Variationen), allgemeine Gesetzmäßigkeiten in der Veränderung einzelner Parameter der Berechnung wohl am deutlichsten darzustellen, wird dabei oft ungenügend beachtet, obwohl er von großer praktischer Bedeutung ist.

Die an und für sich nicht unbekannten Methoden graphischer Darstellungen bieten ein schönes Beispiel, derartige Veränderungen der Parameter, die eben am besten durch Isolinien darstellbar sind, durch den gesamten Berechnungsgang immer wieder deutlich werden

[1]) Eingang des Manuskripts in der Redaktion: 29. 8. 1963

zu lassen. Die Vorteile dieser Angaben für die Planung sowie für den Techniker beim Abbau der Lagerstätte sollen kurz angeführt werden.[2])

Das zur Diskussion stehende Problem wird anhand von Beispielen des Eisenerzbergbaus erläutert. Hier bietet die Berechnung der mesozoischen Eisenerze der Lappwaldmulde (VEB Eisenerzgruben West, Badeleben) die beste Möglichkeit, obwohl die Erarbeitung des Berechnungsweges die Erfahrungen bei der Beurteilung der metasomatischen Zechsteinerze bei Schmalkalden und Kamsdorf, der ordovizischen sedimentären Erze bei Saalfeld und der Erze vom Lahn-Dill-Typ des Harzes zur eigentlichen Grundlage hatte. Teilweise wurden diese Möglichkeiten von mir bereits in einem Bericht vor dem Arbeitskreis Lagerstättenarchiv (Leitung Dr. T. EVERSMANN) am 27. 10. 61 in Unterwellenborn dargelegt. Den wiederholten Anfragen nach einer Darstellung dieser Berechnungsverfahren komme ich hiermit nach.

2. Graphische Darstellungen

Darstellung des Gehalts

Bohrungen besitzen bei allen Erkundungsarbeiten auf Lagerstätten erstrangige Bedeutung. Durch sie erhält man eine Vorstellung von der Lagerstätte. Der nutzbare Horizont wird je nach seiner Mächtigkeit und seinem Aufbau in Teilmächtigkeiten untergliedert, die durch Bohrkerne jeweils belegt sind. In der graphischen Auswertung der Analysenergebnisse haben sich gegenüber allen anderen Darstellungen Summenkurven (O. OELSNER 1952, G. GUNZERT 1954, H. ARNOLD 1956) als besonders vorteilhaft erwiesen (Abb. 1a).

Aus Gründen der Anschaulichkeit erwies es sich als sinnvoll, nicht den Gesamtwert des Fe-Gehalts in die Summenkurve eingehen zu lassen, sondern einen konstanten Wert k abzuziehen. Für das gewählte Beispiel wurde k = 20% gesetzt, der Wert, der bei der Berechnung etwa die Grenze Bilanz-/Außerbilanzvorräte bilden wird. Es wurde dadurch erreicht, daß der Darstellungsbereich des Fe-Gehalts zwischen 10 und 50%, der im wesentlichen in Frage kommt, von etwa 45°

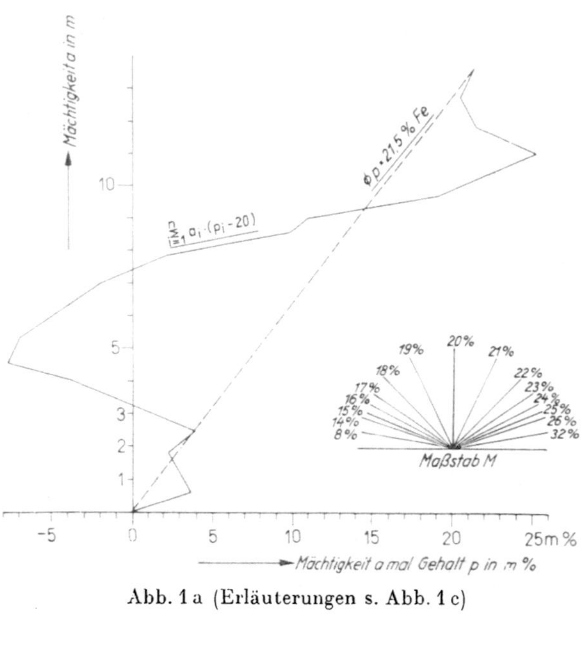

Abb. 1a (Erläuterungen s. Abb. 1c)

Abb. 1b (Erläuterungen s. Abb. 1c)

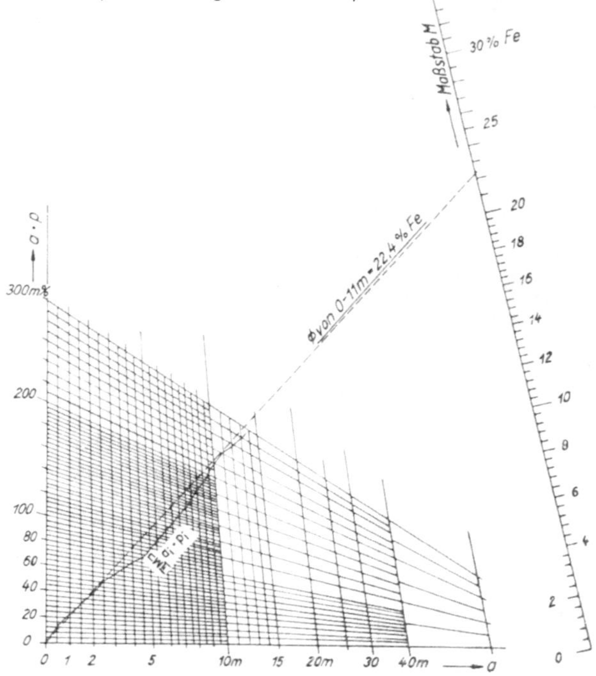

(bei günstiger Skalengröße) auf fast 180° erweitert wurde. Der sehr interessierende Bereich um 20% Fe erscheint sehr vergrößert und erlaubt ganz diffizile Eintragungen. Durch diese Darstellung wird auch sofort durch rechts- oder linksseitige Kurvenabschnitte sichtbar, welche Bereiche des Bohrlochs im Durchschnittswert über oder unter 20% liegen werden.

Will man die Durchschnittswerte aus der Zeichnung unmittelbar ablesen, so ist dies durch Verwendung von projektiv verzerrten Netzen (Abb. 1b) möglich)[3]. Der Schnittpunkt einer Geraden zwischen zwei Punkten der Kurve mit der rechts angebrachten Funktionsleiter gibt dann direkt den Durchschnittswert für diesen Kurvenbereich an. Auch hier läßt sich ein konstanter Wert k vom Gesamtwert des Fe-Gehalts subtrahieren. So wird der Darstellungsbereich etwas auseinandergezogen (Abb. 1c). Gleich der Darstellung des Fe-Gehalts von Bohrproben läßt sich der der Schlitzproben oder anderer wiedergeben. Die Summenkurven lassen sich dann ohne weiteres im Riß neben der Eintragung der Erkundungsarbeit (Schurf, bergmännische Auffahrung u. a.) darstellen.

T. BROEL (1963) schlägt anstelle der Festlegung des Fe-Gehalts als Tangens des Anstiegswinkels diesen selbst zur Darstellung von Bemusterungsergebnissen aus bergmännischen Auffahrungen vor. Dem Vorteil gleicher Darstellungsgenauigkeit des Gehalts von Prozent zu Prozent steht der Nachteil nur unvollkommener graphischer Auswertbarkeit durch die eingeführte Kombination von Polar- und Kartesischen Koordinaten gegenüber.

[2]) Der Hauptwert solcher und ähnlicher Verfahren liegt nach Meinung der ZVK weniger in einer „besseren" oder „einfacheren" Berechnung als vielmehr in einer grundsätzlichen Orientierung des Bergmanns bei der Planung und Gewinnung.

[3]) Ich möchte nicht versäumen, an dieser Stelle Herrn Ing. J. FISCHER für seinen Hinweis und seine Erläuterungen über die von ihm entworfenen projektiv verzerrten Netze (Verlag Schäfers Feinpapier, Plauen i. V.) herzlichst zu danken.

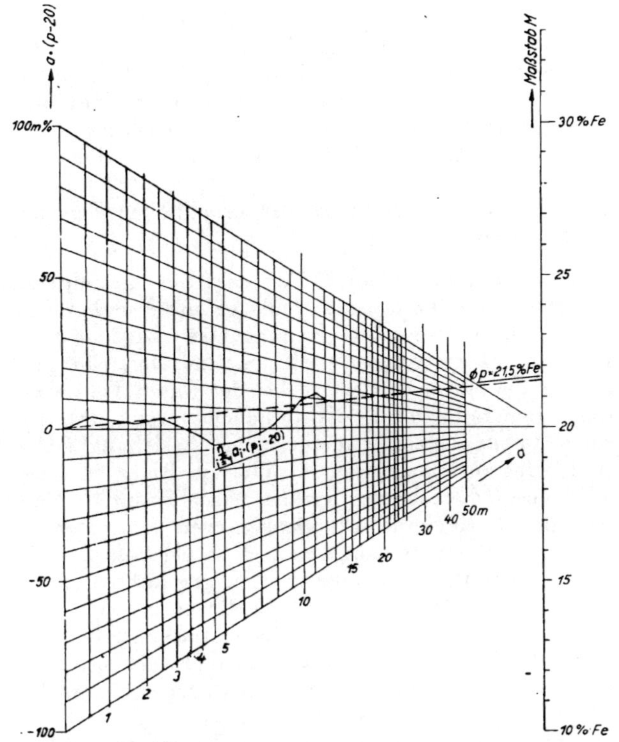

Abb. 1c Summenkurven des Fe-Gehaltes von Bohrungen

a) — rechtwinkliges Koordinatennetz, daneben rechts Darstellung eines Ablesemaßstabs, verkleinert; b) u. c) — projektiv verzerrte Netze

in a) u. c) Darstellung von $\sum_{i=1}^{n} a_i \cdot (p_i - 20)$ in m%; in b) $\sum_{i=1}^{n} a_i \cdot p_i$ in m%

a — Teilmächtigkeit in m, p — Analysenwert über die Teilmächtigkeit a in %

Ermittlung des Volumens

Der nächste Schritt bei der Auswertung von Bohrergebnissen (es sollen im folgenden auch die obenangeführten anderen Erkundungsmethoden, soweit sie eine derartige Auswertung zulassen, einbeschlossen sein) ist die Erarbeitung von Gesetzmäßigkeiten einzelner Parameter der Berechnung, so das Zeichnen der Isolinien der Mächtigkeit, des Gehalts, der Höhenschichtlinienkarte der Liegend- und Hangendfläche des Erzes usw. Dies geschieht bei flach einfallenden und horizontal liegenden Lagerstätten am besten grundrißlich, bei stärker geneigten bis lotrecht stehenden im Flach- bis Saigerriß. Es empfiehlt sich auch, anstelle der wahren Mächtigkeit die senkrecht zur Darstellungsebene gemessene wiederzugeben; bei konstantem Streichen und Einfallen des Lagers können ja beide gleich gewählt werden.

Trägt man in den Isolinienplan der Mächtigkeit, am besten ± senkrecht zum Linienverlauf, eine Gerade ein, so lassen sich leicht über dieser (Abszisse) die Werte der Mächtigkeit (Ordinate) abtragen, und man erhält eine Darstellung der Schnittflächengröße des Lagerstättenkörpers entlang dieser Linie. Den Flächenmaßen kann man aber die Dimension von Raummaßen zuordnen, wenn man nicht eine Fläche, sondern eine 1 m dicke Flözscheibe betrachtet. Der durch diese Voraussetzung mögliche Übergang vom Flächenmaß zum Volumenmaß bleibt natürlich bestehen, wenn man den Inhalt der Fläche durch die Integralkurve darstellt. Zur Ermittlung des Gesamtvolumens der Lagerstätte wird diese in gleich breite Blöcke derart aufgeteilt, daß die eben erläuterte Integralkurve über der Mittellinie eines Blockes zu liegen kommt. Die Multiplikation mit der Blockbreite gibt dann sein Volumen an. Graphisch läßt sich dies durch das Anbringen einer Doppelleiter lösen (Abb. 2).

Rohstofftonnage

Vom Volumen führt der nächste Schritt über das Raumgewicht zum Vorrat in t. Ist das Raumgewicht konstant wie im Fall der Badelebener Erze, so kann die Multiplikation wiederum durch Anbringen einer weiteren Funktionsleiter graphisch ausgeführt werden.

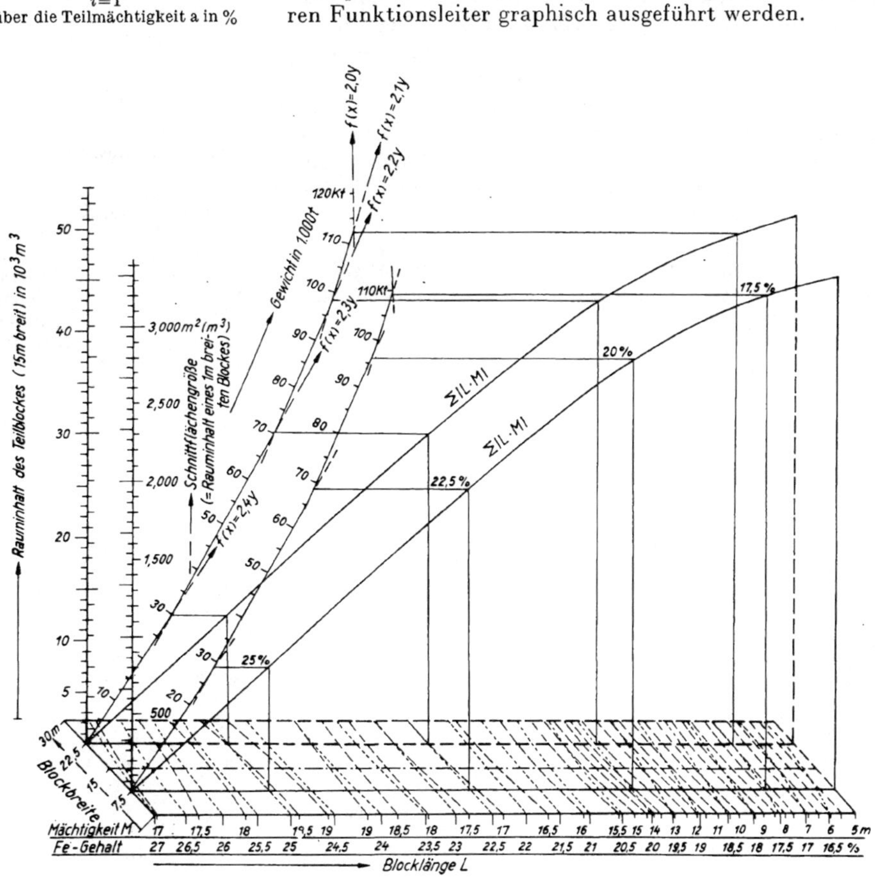

Abb. 2. Teilblock mit Berechnungswerten für Volumen (m³), Gewicht g (t) und Fe-Gehalt p (%), dargestellt durch 2 Schnittflächen (halb räumlich)

Gewichtsermittlung durch Funktionsgleichung $f(x) = \gamma \cdot y$

mit $\gamma = 2{,}4$ für / 27,5 – 25 % Fe /
$\gamma = 2{,}3$ „ / 25 – 22,5 % Fe /
$\gamma = 2{,}2$ „ / 22,5 – 20 % Fe /
$\gamma = 2{,}1$ „ / 20 – 17,5 % Fe /

Häufig steht das Raumgewicht in irgendeinem funktionalen Zusammenhang mit dem Fe-Gehalt. Es ist dabei nötig, vorerst einmal die Lage der Fe-Linien zu fixieren. Da in der Volumendarstellung die Länge der Abszisse noch immer im Maßstab des Grundrisses existiert, braucht deren Lage nur vom Riß der Mächtigkeitslinien in den der Isolinien des Gehalts übernommen zu werden; die Gehaltswerte lassen sich dann ohne weiteres an die Volumenkurve antragen.

Es besteht nun die Möglichkeit, die Multiplikation durch das Darstellen dieses funktionalen Zusammenhangs von Raumgewicht und Fe-Gehalt auszuführen. Der Geradenanstieg ändert sich dann entsprechend der Lage der Gehaltslinien, und der Leitermaßstab kann wieder entgegen der Darstellung durch Doppelleitern auf cm-Maße gebracht werden, um mm-Netzpapier weiterhin vorteilhaft verwenden zu können (ebenfalls in Abb. 2 dargestellt).

Man kann auf diese Weise also direkt über dem Grundriß der Lagerstätte die Kurven zeichnen, die beim Eintragen irgendeines Abbauvorhabens direkt das Ablesen des Volumens und der Gewichtsmenge an Rohstoff neben dessen Qualität gestatten. In ähnlichen Darstellungen lassen sich hierüber auch die Deckgebirgsverhältnisse wiedergeben, um z. B. Abraumfragen schnell entscheiden zu können. Selbst von technologischer Seite lassen sich Kennziffern der Produktion, die Änderung des Kostenbildes beim Abbau u. a. gleichermaßen darstellen.

Als Schlußbild dieser graphischen Berechnungsmethode kann eine Darstellung der Beziehung von Vorrat zu seiner Qualität gelten. Der in Abb. 2 wiedergegebene Träger der Skala mit der Maßeinheit in t wird zur Abszisse, über der analog der Abb. 1a das Produkt Fe · t, CaO · t, SiO_2 · t usw. gebildet und in Summenkurven dargestellt wird (Abb. 3). Durch einen auf Transparentpapier gezeichneten Maßstab kann dann leicht bei vorgegebenem Konditionswert „Industrieller Minimalgehalt" der geologische Schwellengehalt und damit die Grenze Bilanz-/Außerbilanzvorrat bzw. die Abbaugrenze festgelegt werden.

In dieser Darstellung läßt sich auch leicht eine Zusammenfassung der Werte nach Qualitätsangaben durchführen, sei es nun von einzelnen Teilblöcken zum

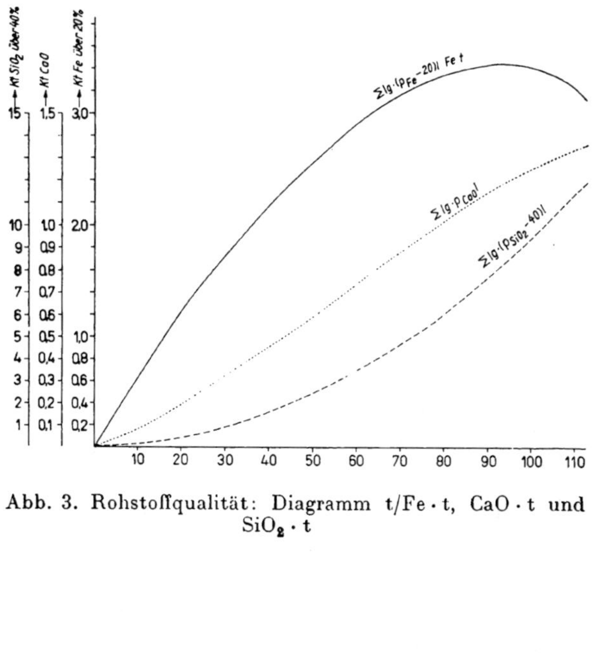

Abb. 3. Rohstoffqualität: Diagramm t/Fe · t, CaO · t und SiO_2 · t

Berechnungsblock oder von Berechnungsblöcken zur Gesamtlagerstätte. Man greift die einzelnen Punkte mit dem Stechzirkel ab und kann dabei von Diagramm zu Diagramm aufaddieren. Bei Verwendung eines Reduktionszirkels kann die Gesamtkurve gleich in einem entsprechend kleineren Maßstab angefertigt werden.

3. Diskussionsbemerkungen zur graphischen Berechnungsmethode

Hauptanwendungsgebiet für derartige graphische Berechnungsverfahren sind wenig gefaltete und wenig tektonisch beanspruchte sedimentäre Lagerstätten. Dessenungeachtet lassen sich einzelne Darstellungen ganz universell anwenden, so bei der Qualitätsauswertung von Bohrproben die Summenkurven (Abb. 1). Auch die in Abb. 3 wiedergegebene Beziehung Rohstoffvorrat zu seiner Qualität sollte am Ende einer jeden Vorratsberechnung stehen, da hierdurch eine schnelle Bestimmung des geologischen Schwellengehalts möglich ist. Die auf dem technischen Sektor z. T. bereits weitestgehend angewandten graphischen Darstellungen ersparen oft unnötige Rechenarbeiten und sollten auf dem Gebiet der Lagerstättenberechnung mehr als bisher eingeführt werden und auch bei Vorschlägen zur Schaffung eines Lagerstättenarchivs nicht fehlen (z. B. bei W. LIERSCH 1962).

Die hier gezeigte Auswertung kann bei entsprechender Anleitung und Anweisung ausnahmslos von gewissenhaft arbeitenden Hilfskräften durchgeführt werden. Da es sich im Grunde genommen nur um den Vorgang des graphischen Integrierens und um die Herstellung und Verwendung von Doppelleitern handelt, kann man dieses Wissen leicht vermitteln und Zeichenhilfen wie z. B. den Integranten (H. NAATZ & E. W. BLOCHMANN 1921) sinnvoll einsetzen.

Zusammenfassung

Durch Abbildungen belegt, wurde die Anwendung graphischer Methoden bei der Auswertung von Erkundungsergebnissen aufgezeigt. Eine Folge graphischer Operationen führt zu den Grundwerten einer Berechnung des Inhalts wenig verfalteter und wenig gestörter sedimentärer Lagerstätten. Die in Isolinienplänen zum Ausdruck kommenden Gesetzmäßigkeiten der Veränderung einzelner Parameter der Berechnung gehen dabei nicht verloren und können in dieser Darstellung eine praktische Hilfe bei der Abbaulenkung und -führung geben. Es sind im wesentlichen Integrationskurven, die z. T. auch ganz allgemein Verwendung finden können und deren Wert diskutiert wurde.

Резюме

Описывается применение графического метода обработки результатов разведки и даются примеры изображениями. Последовательностью графических операций получаются исходные данные расчета содержания мало складчатых и мало нарушенных осадочных месторождений. Выражающиеся в картах изолиний закономерности изменения отдельных расчетных параметров при этом не теряются и могут в данном изображении оказывать практическую помощь при руководстве и проведении добычи. По существу это интеграционные кривые, которые частично могут находить и общее применение и значение которых обсуждается.

Summary

Illustrations integral with the text demonstrate the use of graphic methods in the evaluation of reconnaissance results. A succession of graphic operations leads to basic values of a calculation of the contents of sedimentary deposits folded and disturbed on a small scale. Regularities in the variation of individual parameters of the calculation expressed in isoline plans are not lost, but in this representation may provide a practical aid to the direction and control of mining. The lines in question are mainly integration curves, which are partly of universal application and whose value is discussed.

Literatur

Arnold, H.: Eine vorteilhafte Darstellungsform des Gehaltes sedimentärer Lagerstätten. – Bergfreiheit, Essen 1956.

Broel, T.: Graphische Darstellungen bei der Probenahme. – Mitt. a. d. Markscheidewesen, 70, H. 1, 1–10, Kartenberg, Herne i. W. 1963.

Fischer, J.: Projektiv verzerrte Funktionspapiere. Erläuterungen zu den Ausführungen (I) bis (III). – Schäfers Feinpapier, Plauen i. V.

Gunzert, G.: Probenahme im Kupferschiefer und die Auswertung der Analysenergebnisse. – Erzmetall, 7, 6, 241–247, Stuttgart 1954.

Karrenberg, H.: Probenahme in Lagerstätten. a) Erzlagerstätten. – Handbuch für das Eisenhüttenlaboratorium, 3, 51–82, Springer-Verlag, Berlin – Göttingen – Heidelberg 1956.

Kiessler, F.: Angewandte Nomographie. – Girardet, Teil I, 135 S., Teil II, 176 S., Essen 1952.

Liersch, W.: Vorschläge zur Frage des Lagerstättenarchivs (Sedimentäre Eisenerze). – Z. angew. Geol., 8, 188–192, Berlin 1962.

Naatz, H. & E. W. Blochmann: Das zeichnerische Integrieren mit dem Integranten. – 61 S., Oldenbourg-Verlag, München – Berlin 1921.

Oelsner, O. W.: Grundlagen zur Untersuchung und Bewertung von Erzlagerstätten. – Gera 1952.

Pirani, M. & J. Fischer: Graphische Darstellung in Wissenschaft und Technik. – Samml. Göschen, 728/728a, Verl. de Gruyter, 216 S., Berlin 1957.

Prokofjew, A. P.: Vorratsberechnung mineralischer Rohstoffe. – Verlag Technik, Berlin 1956.

Schellmoser, K.: Zur Berechnung von Vorräten nach der Isolinienmethode. – Z. angew. Geol., 8, 1, 15–18, Berlin 1962.

Stammberger, F.: Einführung in die Berechnung von Vorräten fester mineralischer Rohstoffe. – 153 S., Berlin 1956.

Lagerstätten und Bergwirtschaft Marokkos[1]

Herbert Reh, Jena

(Mitteilung aus dem VEB Geologische Erkundung West)

Einleitung

Obwohl Marokko noch im wesentlichen ein Agrarland ist, spielt doch die Bergwirtschaft eine zunehmend wichtige Rolle in der Gesamtwirtschaft dieses 440000 km² großen, 1960 von rd. 11,6 Mill. Arabern und Berbern bewohnten Landes. Lag der Gesamtwert der Bergbauproduktion im Jahre 1960 noch bei 720 Mill. Dirham (1 DH = marokkanische Francs = 0,198 $), so war er 1961 um 4% auf 750 Mill. DH gestiegen. Infolge einer ungünstigen Entwicklung der Blei- und Zinkerz-Kurse hatte die Erzeugung an Blei- und Zinkerzen, ferner auch an Eisenerzen, Erdöl und Anthrazit zwar nachgelassen, wurde aber durch erhebliche Produktionssteigerungen vor allem bei den Phosphaten und Manganerzen mehr als ausgeglichen. Mineralische Rohstoffe waren am Export Marokkos 1961 mit 84% dem Gewicht nach beteiligt. Bei einem Gesamtwert der Exporte von 733 Mill. DH betrug der Anteil der Bergbauprodukte mit 803 Mill. DH 46,3% des gesamten Exportwertes. Da dieser Anteil 1951 nur 36,8% und 1949 nur 31% betragen hatte, ist in den letzten Jahren eine beachtliche Steigerung des Anteils der Bergbauprodukte am Gesamtexport des Landes zu erkennen.

Während in der marokkanischen Wirtschaft rd. 500000 Arbeiter und Angestellte tätig sind, entfielen 1961 auf den Bergbau nur 36248 Arbeiter.

Bergwirtschaftliche Verhältnisse

Der wichtigste Rohstoff Marokkos sind die bedeutenden Phosphatvorkommen, die über die Hälfte des Erzeugungswertes der Bergbauprodukte liefern. An zweiter Stelle liegen dem Wert nach die Manganerze, darauf folgen Blei- und Zinkerze, ferner Eisenerze, Anthrazit, Kobalterze und Erdöl. Die übrigen mineralischen Rohstoffe wie Schwerspat, Kupfererz, Bentonit, Pyrit, Mineralwasser, Salz, Antimonerz, Eisenoxyd (Ocker), ein Ghassoul genannter Bleichton, Zinnerz und Gold werden nur in Anteilen unter 1% erzeugt. Silber wird zwar in beachtlichen Mengen aus Bleierzen ausgebracht, erscheint aber wertmäßig nicht in der Produktionsstatistik.

Im einzelnen gehen die produzierten Mengen aus der Tabelle 1 hervor, in der die wichtigsten mineralischen Rohstoffe für die Zeit von 1958–1962 (in 1000 t) aufgeführt sind.

Phosphat

Der marokkanische Phosphatbergbau hat sich gegenüber dem der beiden anderen nordafrikanischen Länder Algerien und Tunesien am besten entwickelt und verfügt auch über die größten Vorräte. Mit einer Phosphatgewinnung von 8,162 Mill. t im Jahre 1962 hat Marokko von der Weltproduktion von 45 Mill. t 18,1% erzeugt und steht damit nach den USA an zweiter Stelle.

Die seit 1921 ausgebeuteten Phosphatlager lieferten vor 1939 1 bis 1,5 Mill. t jährlich. Nach 1945 stieg die Förderung stetig an und überschritt 1962 8 Mill. t. Die Gewinnung erfolgt in den beiden Großbetrieben der staatlichen Gesellschaft „Office chérifien des phosphates", Khouribga und Youssoufia (früher Louis Gentil), bei einer Überlagerung von 20–50 m größtenteils im Tiefbau, neuerdings im östlichen Teilrevier von Khouribga, Sidi-Daoui, bei günstigeren Deckgebirgsverhältnissen auch im Tagebau (Abb.). 1961 wurden in Khouribga 5896432 t Phosphat im Wert von 330,2 Mill. DH und in Youssoufia 2053270 t im Wert von 102,66 Mill. DH erzeugt, entsprechend 44% und 13,7% des Gesamterzeugungswertes mineralischer Rohstoffe in Marokko. Die Zahl der Betriebsangehörigen betrug 1961 in Khouribga 10457 und in Youssoufia 2777 Mann.

Die Phosphatlager sind an der Basis des Eozäns bzw. in der Obersten Kreide in flacher Lagerung eingeschaltet. Gewöhnlich sind drei Lager ausgebildet, von denen jedoch im Tiefbau zunächst nur das in Khouribga größtenteils 1,8 m mächtige Hauptlager und in Youssoufia das 3 m mächtige Hauptlager ausgebeutet werden. Lediglich im Tagebau Sidi-Daoui werden auch ärmere Phosphatlager

Tabelle 1

Rohstoff	1958	1959	1960	1961	Wert Mill. DH	%-Anteil	1962
Phosphat	6336	7164	7472	7950	432,9	57,7	8162
Manganerz f. metallurgische Zwecke	354	392	389	457	68,5	15,3 (Manganerz zus.)	369
f. chemische Zwecke	56	79	94	114	45,8		101
Bleierzkonz.	137	132	135	128	64,0	11,5 (Blei- u. Zinkerzkonz. zus.)	131
Zinkerzkonz.	87	101	82	68	22,3		58
Eisenerz	1538	1265	1577	1462	58,5	7,8	1149
Anthrazit	510	465	412	410	25,4	3,4	370
Kobalterzkonz.	9,3	12,1	12,7	12,9	10,3	1,38	14
Erdöl	74	95	92	80	9,6	1,28	127
Schwerspat	43	37	84	82	4,1	0,55	90
Kupfererz	3,9	4,7	5,0	5,6	3,4	0,45	7,7
Bentonit	15,9	22,4	37,7	38,6	1,9	0,26	unbek.
Schwefelkies	18,5	14,4	13,4	14,1	1,4	0,19	20,7
Mineralwasser (in 1000 l)	unbek.	4766	4945	5556	1,2	0,15	unbek.

[1]) Eingang des Manuskripts in der Redaktion: 4. 10. 1963

mit ausgebeutet und in einer Flotation ein hochwertiges Konzentrat mit 80—82% Trikalziumphosphat erzeugt. Normalerweise werden die ohne Bindemittel in sandiger Beschaffenheit abgelagerten Phosphate mit Pickhämmern hereingewonnen und dann zerkleinert. Verunreinigungen werden in Form von Hornsteinknollen durch Absiebung entfernt. Nach der Trocknung ergibt sich in Khouribga ein Verkaufsprodukt mit 75% und in Youssoufia mit 70% Trikalziumphosphat.

Mit Ausnahme einer geringen Menge zur Herstellung von Superphosphat in Marokko werden die Phosphate vorwiegend nach Frankreich, England, Belgien, Spanien und Westdeutschland, ferner noch nach 22 anderen Ländern exportiert. Der Versand der Khouribga-Phosphate erfolgt über den 139 km entfernten Hafen Casablanca, der der Youssoufia-Phosphate über den 83 km entfernten Hafen Safi. In beiden Häfen wurden moderne Vorratslager und Verladeeinrichtungen gebaut.

Manganerze

Seit 1948 hat sich die Gewinnung von Manganerzen in Marokko sehr günstig entwickelt und im Jahre 1961 die Rekordproduktion von 457000 t Manganerz für metallurgische Zwecke und 114000 t für chemische Zwecke erreicht. Damit nahm Marokko mit einem Anteil von etwa 3,5% den 7. Platz unter den Manganerz-Förderländern der Welt ein. Besonders wertvoll ist dabei die beachtliche Erzeugung von Manganerzen mit 80—90% MnO_2 für chemische Zwecke, die zu fast 99% aus dem Manganerzlager von Imini stammen.

Marokko hat in der Zeit von 1919—1962 6,27 Mill. t Manganerz für metallurgische Zwecke mit einem Mn-Inhalt von etwa 2,8 Mill. t und 888000 t Manganerze für chemische Zwecke geliefert. Die bisher bekannten Lagerstätten sind die bedeutendsten in Nordafrika und enthielten nach einer Bewertung aus dem Jahre 1952 (J. BOULADON u. G. JOURAVSKY) wahrscheinliche Vorräte von 10 Mill. t mit Gehalten zwischen 40 und 52% Mn. Der bei weitem größte Teil dieser Vorräte ist in Manganerzlagern enthalten, die Küstenablagerungen zur Zeit der Cenomantransgression (Imini, Tasdremt) sowie der Liastransgression (Bou Arfa, M'Koussa u. a.) darstellen. Ferner kommen Manganerzlager noch in kontinentalen Ablagerungen der Permotrias und in Verbindung mit Vulkaniten des Präkambriums III im Anti-Atlas und des Visé im Gebiet von Oujda vor. Schließlich sind noch hochwertige Manganerze in Ganglagerstätten enthalten, wie sie vor allem im Präkambrium III des Gebiets südlich Ouarzazate und im Paläozoikum vor allem bei Oujda auftreten.

Das bei weitem bedeutendste Manganerzvorkommen Marokkos ist Imini, 45 km westnordwestlich von Ouarzazate. 1961 hat es mit 229000 t metallurgischen Manganerzen rund 50% und mit 113000 t Erzen chemischer Qualität fast 99% der Gesamterzeugung Marokkos geliefert. Es ist an Dolomite des Cenoman—Turon gebunden und läßt sich bei einer geringen Breite (400 m, höchstens 1000 m) auf 25 km im Streichen verfolgen. Von drei manganerzführenden Lagern sind die beiden unteren, die sich stellenweise vereinigen, bei etwa 1—4 m, im Mittel 2 m Mächtigkeit, bauwürdig.

Die Ausbeutung der Manganerzlagerstätten von Imini und im Gebiet von Ouarzazate war erst möglich geworden, als der 2250 m hohe Tichka-Paß über den Hohen Atlas für Lastkraftwagen passierbar gemacht und in Marrakesch Anschluß an die Bahnlinie nach Casablanca erreicht worden war. 1952 wurde zur Reduzierung der sehr erheblichen Frachtkosten auf der Gebirgsstrecke eine 28 km lange Drahtseilbahn über den Hohen Atlas hinweg gebaut.

Der Rest der Manganerzproduktion entstammt weiteren Manganerzvorkommen im Gebiet von Ouarzazate wie Tiouine, Tisguillane, Finnt und Tifernine, ferner im Sarhro wie Tazazert, Bou-Gafer und Anou-Ichou sowie Idikel im westlichen Anti-Atlas, M'Koussa (ostnordöstlich Marrakesch), Tiaratine (südöstlich Midelt), Narguechoum (südöstlich Taourirt) und schließlich mit der zweithöchsten Förderung Bou-Arfa in Ostmarokko (Abb.). Die Manganerzlager von Bou-Arfa sind langgestreckt-linsenförmige, etwa 1,5 m mächtige Einlagerungen von im wesentlichen Polianit in einer bis 250 m mächtigen kalkig-dolomitischen Folge des Mittleren Lias. Das Erz enthält im Durchschnitt nur 30% Mn, agglomeriertes Feinerz 33% Mn. Stellenweise fällt in geringen Mengen ein Reicherz mit 45% Mn an.

Blei-Zink-Erze

Die Ausbeutung von Blei- und Zink-Erzen begann in Marokko bereits um 1920, setzte dann aber erst 1936 in etwas bedeutenderem Ausmaß ein, um nach 1952 etwa 110000 t jährlich und nach 1957 etwa 130000 t jährlich zu erreichen. Insgesamt wurden in der Zeit von 1922—1962 etwa 1895000 t Bleierze mit 70—72% Pb, d. h. rund 1350000 t Pb, erzeugt. Auch die Zinkerzproduktion, die erst 1950 einen nennenswerten Umfang erreicht hatte, konnte bis 1959 auf 100000 t jährlich gesteigert werden, ging dann aber infolge der ungünstigen Zinknotierungen wieder auf 58000 t im Jahre 1962 zurück. Insgesamt wurden 1922—1962 etwa 931000 t Zinkerze mit 40—56% Zn, d. h. rund 450000 t Zn, produziert.

Man kann in Marokko drei Typen von Blei-Zink-Erzlagerstätten unterscheiden:

1. Ganglagerstätten, die größtenteils in präkambrischen und paläozoischen Schichten auftreten. Dazu gehören vor allem die Bleierzlagerstätten von Aouli und Jebel Aouam, die Zinkblendegänge des zentralen Hohen Atlas (Gundafa, Assif el Mal, Erdouz, Toundout), des Jebilet (Sidi bou Othmane), der Meseta, von Ksar Moghal und des Tafilalt (zwischen Alnif und Taouz).
2. An Brüche gebundene Lagerstätten mit Kluftfüllungen und davon ausgehenden Imprägnationen in karbonatischen und mergeligen Gesteinen. Sie werden manchmal von Galmeikörpern begleitet [Hoher und Mittlerer Atlas (Beni Tadjit, Chiker)].
3. Verdrängungslagerstätten in karbonatischen Gesteinen. Dazu gehören die bedeutendsten Blei-Zink-Erzlagerstätten, Touissit—Bou-Beker im Gebiet von Oujda und die Bleierzlagerstätte Mibladen bei Midelt.

Touissit und Bou-Beker (südsüdöstlich Oujda) (Abb.) in NE-Marokko sind bei weitem die wichtigsten Blei-Zink-Erzvorkommen Marokkos. Nach Angaben von J. BOULADON u. a. (1962) enthielten sie $^4/_5$ der Blei- und $^9/_{10}$ der Zinkvorräte des Landes. Sie ergeben auch die höchsten Ausbeuten. 1922—1951 hatte Bou-Beker rund 182500 t Blei- und 47000 t Zinkerz, Touissit 107900 t Blei- und 1300 t Zinkerz geliefert.

1961 wurden erzeugt:

	Bleierze (t)	Zinkerze (t)
Touissit	24000	6500
Bou-Beker	23000	57500

Die Bleierze von Bou-Beker werden in der Bleihütte Oued-el-Heimer südlich Oujda (Abb.) verschmolzen, während die Konzentrate von Touissit größtenteils nach Frankreich exportiert werden.

Im Revier von Midelt sind vor allem die beiden großen Bleierzvorkommen von Aouli und Mibladen gelegen. Obwohl sie nur 6 km voneinander entfernt sind, kommen die Bleierze bei Aouli in km-langen, 1,2—1,5 m mächtigen Gängen und bei Mibladen als Verdrängungslager im Kalkstein und Dolomit des Mittleren Lias vor. Diese beiden wichtigen Bleierzproduzenten lieferten 1961: Aouli 21000 t mit 80% Pb sowie 250—400 g/t Ag und 400—600 g/t Bi; Mibladen 19000 t mit 72—76% Pb und wenig Ag und Bi.

Auch die nördlich Khenifra gelegene Bleierz-Ganglagerstätte Jebel Aouam hat nach Inbetriebnahme einer neuen Aufbereitung 1961 mit 11400 t Bleierzkonzentrat einen nennenswerten Beitrag zur Bleierzproduktion des Landes geliefert und damit die bis dahin wichtigere Bleierzgrube Ksar-Moghal (nordöstlich Boudenib), die 1961 10000 t Bleierz erzeugte, überflügelt. Während sich das Bleierz von Jebel Aouam durch einen bedeutenden Ag-Gehalt auszeichnet, ist das Erz von Ksar Moghal sehr silberarm.

In dem vorwiegend von Eigenlöhnern bebauten Revier des Tafilalt in Südmarokko befinden sich zwischen Alnif und Taouz (Abb.) zahlreiche 0,5—1,5 m mächtige Bleierzgänge, aus denen bis 1961 rund 75000 t Bleierz gewonnen wurden. In den letzten 8 Monaten des Jahres 1961 wurden

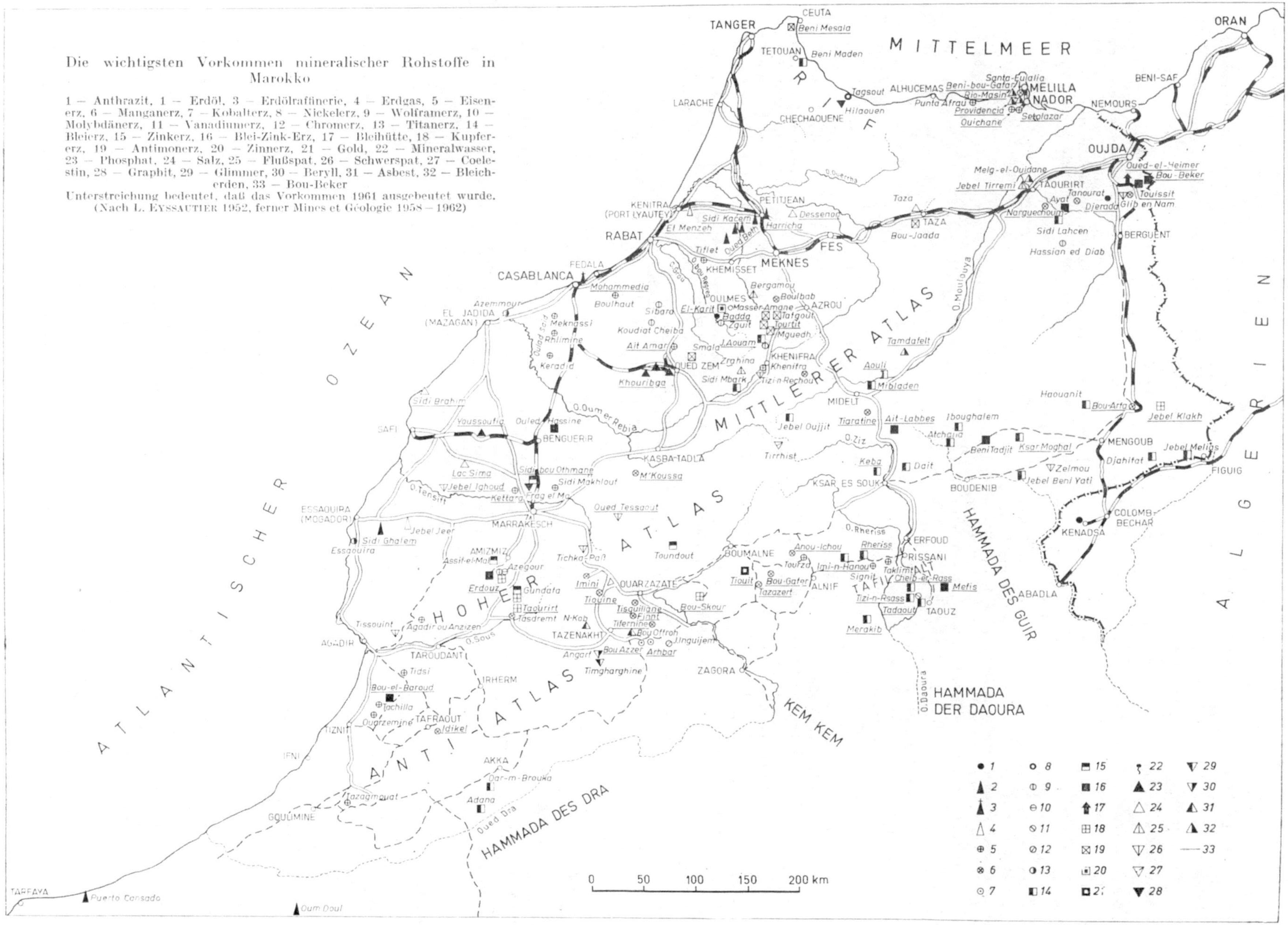

Die wichtigsten Vorkommen mineralischer Rohstoffe in Marokko

1 – Anthrazit, 1 – Erdöl, 3 – Erdölraffinerie, 4 – Erdgas, 5 – Eisenerz, 6 – Manganerz, 7 – Kobalterz, 8 – Nickelerz, 9 – Wolframerz, 10 – Molybdänerz, 11 – Vanadiumerz, 12 – Chromerz, 13 – Titanerz, 14 – Bleierz, 15 – Zinkerz, 16 – Blei-Zink-Erz, 17 – Bleihütte, 18 – Kupfererz, 19 – Antimonerz, 20 – Zinnerz, 21 – Gold, 22 – Mineralwasser, 23 – Phosphat, 24 – Salz, 25 – Flußspat, 26 – Schwerspat, 27 – Coelestin, 28 – Graphit, 29 – Glimmer, 30 – Beryll, 31 – Asbest, 32 – Bleicherden, 33 – Bou-Beker

Unterstreichung bedeutet, daß das Vorkommen 1961 ausgebeutet wurde. (Nach L. Eyssautier 1952, ferner Mines et Géologie 1958–1962)

durch die staatliche Aufkauf- und Entwicklungsorganisation „Centrale d'achat et de développement de la région minière du Tafilalt (CADET)" 4200 t Bleierze aufgekauft. Die wichtigeren dieser Gruben heißen Imi-n-Hanou, Rheriss, Cheib-er-Rass, Tizi-n-Rsass, Mefis und Merakib (Abb.).

Schließlich sind als Bleierzproduzenten noch die Grube Keba (nordwestlich Ksar es Souk), als Zinkerzproduzent die Grube Sidi bou Othmane im Jebilet und als Blei- und Zinkerzproduzenten Ait-Labbés (südöstlich Midelt) und Erdouz (südwestlich Marrakesch) zu nennen (Abb.). Alle übrigen in der Karte verzeichneten Blei- und Zinkerzvorkommen sind entweder bereits wieder eingestellt oder noch nicht genügend erkundet.

Eisenerze

Nachdem die Eisenerzproduktion Marokkos nach der Angliederung Nordmarokkos im Jahre 1957 die Rekordhöhe von 1,87 Mill. t erreicht hatte, ging sie infolge des Wettbewerbs hochwertiger Eisenerze bis 1962 auf 1,15 Mill. t zurück. Im Jahre 1961 wurden noch 1461918 t Eisenerz mit einem Eiseninhalt von 828000 t, d. h. einem mittleren Fe-Gehalt von 56,5%, gefördert. Die marokkanischen Eisenerze sind demnach nur von mittlerer Qualität und werden in Zukunft vor allem durch die hochwertigen westafrikanischen Eisenerze einem starken Preisdruck ausgesetzt sein.

Die Eisenerzförderung kommt im wesentlichen aus dem nordöstlichen Rifgebiet und wird über Melilla verschifft. Von den im Beni-bou-Ifrour südlich Melilla gelegenen Gruben Ouichane und Setolazar wird ein pyrithaltiges Magnetiterz kontaktmetasomatischer Entstehung gefördert, das zur Entfernung des Schwefels geröstet werden muß (Abb.). Die Verkaufserze enthalten in der besten Qualität 63—65% Fe und 0,3% S, die geringeren Qualitäten 58—60% Fe und 1,5—2% S. Von 1914—1950 wurden Hämatit- und Limoniterze der Oxydationszone gefördert.

Eine infolge der Umstellung von Tagebau auf Tiefbau und durch Absatzschwierigkeiten zurückgehende Eisenerzförderung kommt aus dem nördlich Khouribga gelegenen Ait Amar (Abb.), das von 1937—1961 etwa 6,4 Mill. t geliefert hat. Es handelt sich um ein eisenchloritisches Oolitherz, das in einem 16—20 m mächtigen Erzlager in Schiefern des mittleren Llandeilo des Ordoviziums eingeschaltet ist. Das in den Handel kommende Erz ist mit etwa 45% Fe, 15% SiO_2, 9% Al_2O_3 und 0,7% P von mittlerer Qualität, kieselsäure- und phosphorreich.

Den Vorkommen von Ait Amar ähnliche ordovizische Oolitherze sind in Marokko noch häufig und mit beachtlichen Vorräten vorhanden (Tachilla-Ouarzemine, Tourza, Signit, Taklimt, Keradid u. a.), jedoch sind sie nur ungenügend erkundet und verkehrsmäßig nicht erschlossen. Die Eisenerze von Khenifra werden durch eine beträchtliche Barytführung entwertet und ähneln somit den Eisenerzen des Schmalkaldener Reviers.

Kobalterz

Die an Serpentinmassive des Präkambriums III gebundenen Kobalterzgänge von Bou Azzer und Arhbar im südöstlichen zentralen Anti-Atlas (Abb.) sind einzigartig in Nordafrika. 1961 wurden 12899 t Kobalterz mit einem Gehalt von etwa 10% Co und etwas Ni erzeugt und im wesentlichen nach Frankreich exportiert. In der Zeit von 1932 bis 1962 wurden 154500 t Kobalterz, d. h. etwa 15500 t Co, produziert. Die Vorkommen rangieren an 4. Stelle unter den Co-Produzenten der kapitalistischen Länder.

Brennstoffe

Marokko verfügt in dem Kohlenbecken von Djerada über ein Anthrazitvorkommen, das in der Lage ist, nennenswerte Mengen für den Export nach anderen Mittelmeerländern bereitzustellen (Abb.). Für besondere Zwecke müssen jedoch noch bedeutende Mengen an Kohlen, die reich an flüchtigen Bestandteilen sind, importiert werden.

Die Erdölgewinnung Marokkos ist zwar im Weltmaßstab sehr geringfügig, hat jedoch für die Versorgung des Landes mit Treibstoffen, Petroleum und Schmieröl eine gewisse Bedeutung. Die bisher ausgebeuteten Ölfelder im Gebiet der Rharb (Oued-Beth, Harricha) lassen in der Leistung stark nach. Da jedoch das neuentdeckte Ölfeld Sidi-Ghalem bei Essaouira in Produktion ging, stieg die Erdölförderung 1962 auf 127000 t an.

Das marokkanische Erdöl wurde bisher in der Raffinerie Sidi-Kacem bei Petitjean, die zusätzlich noch Importerdöle verarbeitete, verwertet. Seit 1961 ist in Mohammedia bei Casablanca eine wesentlich leistungsfähigere Erdölraffinerie in Betrieb genommen worden, die vor allem sowjetisches Erdöl für den Bedarf nicht nur Marokkos, sondern auch anderer afrikanischer Staaten verarbeiten soll.

Die übrigen mineralischen Rohstoffe

Die bisher genannten mineralischen Rohstoffe trugen 1961 insgesamt mit über 98% zu dem Produktionswert der Bergbauerzeugung von 750 Mill. Dirham bei. Mit relativ geringen Produktionswerten treten in der Statistik noch die in Tabelle 2 angeführten mineralischen Rohstoffe in Erscheinung.

Tabelle 2

1961	Einheit	Menge	Produktionswert Mill. DH	%-Anteil
Baryt	t	82183	4,11	0,55
Kupfererz	t	5623	3,37	0,45
Bentonit	t	38603	1,93	0,26
Pyrit, Magnetkies	t	14077	1,41	0,19
Mineralwasser	1000 l	5556	1,16	0,15
Salz	t	21201	0,85	0,11
Antimonerz	t	819	0,49	0,07
Eisenoxyd (Ocker)	t	1541	0,31	0,04
Ghassoul (Bleichton)	t	2298	0,23	0,03
Zinnerz	t	19	0,17	0,02

Der in den Vorkommen des Jebel Ighoud und des Oued Tessaout (Abb.) gewonnene Schwerspat ging größtenteils nach den USA. Marokko nimmt damit unter den Schwerspatlieferanten den 9. Platz ein. Möglichkeiten zu einer Steigerung der Baryterzeugung sind vorhanden.

Von der Kupfererzproduktion kamen 1961 53% aus Bou-Skour, der Rest aus Jebel Klakh, Azegour und Taourirt (Abb.). Die Kupfererze wurden vor allem nach Westdeutschland und Belgien exportiert.

Die Bentonitgewinnung erfolgte vorwiegend im Gebiet südwestlich von Melilla. Von den Verkäufen blieb $^1/_3$ im Inland, $^2/_3$ wurden nach Frankreich und Spanien exportiert. Ein Ghassoul genannter Bleichton wird als Reinigungsmittel bei Tamdafelt (nordöstlich Midelt) gewonnen. Er wird auf den Märkten der Umgebung vertrieben und nach Tunesien exportiert.

Für die Versorgung der chemischen Industrie Marokkos mit Schwefelkies wird ein mächtiger Magnetkiesgang in der Grube Kettara, 32 km nordwestlich von Marrakesch, abgebaut. Entsprechend dem erhöhten Bedarf stieg die Förderung von 14077 t 1961 auf 20745 t mit 33% S 1962 an. Beim Abbau des Eisernen Hutes dieses Magnetkiesganges fällt noch Eisenocker in geringen Mengen an.

Die Gewinnung von Mineralwasser erfolgt aus der Badda-Quelle südwestlich Oulmès. Das auf Flaschen gefüllte Tafelwasser wird im ganzen Land vertrieben.

Die Salzgewinnung kann nach Einstellung einer Reihe kleiner Salinen den Bedarf des Landes nicht mehr decken. Die wichtigsten Salinen sind Lac Sima (ostsüdöstlich Safi) und Dessenon (östlich Petitjean) sowie die Meeressaline Sidi Brahim (nördlich Safi) (Abb.).

Zu Zeiten günstiger Antimonpreise war Marokko, vor allem 1949—1952, ein relativ bedeutender Lieferant von Antimonerzen. Gegenwärtig produzieren nur noch die Gruben Beni-Mesala (südwestlich Ceuta) und Tourtit (65 km südsüdwestlich Meknes), von denen Beni-Mesala allein 720 t Antimonerz mit etwa 45% Sb erzeugte. Die Erze werden vorwiegend nach Frankreich, zu einem Drittel nach Spanien exportiert.

Zinnerz wird in geringen Mengen in El-Karit (westsüdwestlich Oulmès) gewonnen und für den örtlichen Bedarf verhüttet.

Die zeitweise eingestellte Gewinnung von Flußspat ist 1961 am Jebel Tirremi (westlich Taourirt) wieder aufgenommen worden.

An mineralischen Rohstoffen, die zeitweise von einer wirtschaftlichen Bedeutung waren, sind noch zu nennen: Hämatiterz, Manganeisenerz, Wolfram-, Molybdän- und Vanadiumerz, ferner Graphit, Beryll, Coelestin, Glimmer und Asbest.

Schlußfolgerungen

Marokko ist relativ reich an mineralischen Rohstoffen. Die Bauwürdigkeit vieler Vorkommen wird jedoch durch ihre ungünstige Frachtlage eingeschränkt. Eine verkehrsmäßige Erschließung vor allem der mittleren und südlichen Gebiete würde zahlreiche Mineralvorkommen bauwürdig machen. Neben einer systematischen geologischen Erkundung ist deshalb der Bau von Eisenbahnen, Straßen und festen Wegen die wichtigste Maßnahme zu einer weiteren bergbaulichen Erschließung dieses vor allem an Phosphaten, Manganerzen, Blei-Zink-Erzen, Eisenerzen, Kobalterzen, möglicherweise auch an Erdöl, ferner an Schwerspat und Bentonit reichen Landes. Die notwendigen Maßnahmen dazu sind in einem Fünfjahrplan eingeleitet.

Zusammenfassung

Die wachsende Bedeutung der Bergwirtschaft Marokkos, das über beachtliche Vorkommen zahlreicher mineralischer Rohstoffe verfügt, unter denen die Phosphatlagerstätten die Hauptrolle spielen, wird durch einen sämtliche Vorkommen des Landes umfassenden Überblick herausgestellt. Die verschiedenen Zweige des Bergbaus werden nach der geographischen Lage, den geologischen Gegebenheiten, dem bergbaulichen Entwicklungsstand und den vom Ausbau der Verkehrswege stark abhängigen ökonomischen Bedingungen der einzelnen Lagerstätten behandelt.

Резюме

Дается обзор всех месторождений страны, охарактеризующий возрастающее значение горного дела Марокко, располагающего значительными проявлениями многочисленных руд, среди которых главную роль играют фосфатные месторождения. Различные отрасли горного дела описываются для отдельных месторождений по географическому положению, геологическим данным, уровню горного дела и по экономическим условиям, в большой степени зависящим от развития путей сообщения.

Summary

In a comprehensive review covering all occurrences of the country, the author emphasizes the growing importance of the mining industry of Morocco, where considerable occurrences of numerous ores are available, of which phosphate deposits play a prominent part. The different branches of mining are described with reference to their geographical situation, geological conditions, status of mining development and economic conditions of the individual deposits considerably depending on the development of traffic communications.

Literatur

AGARD, J., J. BOULADON, J. DESTOMBES u. a.: Géologie des gîtes minéraux marocains. — Notes et Mémoires, Nr. 87, Serv. Géol., Casablanca 1952.

BENKIRANE, M.: Situation et perspectives d'avenir de l'industrie minière marocaine. — Mines et Géologie, Nr. 15, 7–12, Rabat 1961.

BENNACEF, A.: Statistiques minières du Maroc pour l'année 1958. — Mines et Géologie, Nr. 5, 5–8, Rabat 1959.

EYSSAUTIER, L.: L'industrie minière du Maroc (Zone française). — Notes et Mémoires, Nr. 88, Div. Mines et Géologie, Casablanca 1952.

HAMOU, H.: L'activité minière au Maroc. — Mines et Géologie, Nr. 10, 1960; Nr. 15, 1961; Nr. 18, Rabat 1962.

HUVELIN, P.: La barytine au Maroc. — Mines et Géologie, Nr. 18, 37–43, Rabat 1962.

JEANNETTE, A.: Les ressources minérales du Rif nord-oriental. — Mines et Géologie, Nr. 14, 17–45, Rabat 1961.

RHODEN, N. H.: Géologie du gisement de fer d'Ouichane (Rif nord-oriental). — Mines et Géologie, Nr. 14, 63–70, Rabat 1961.

RÖSLER, H. J.: Die Blei- und Zinkerzlagerstätten Französisch-Marokkos unter besonderer Berücksichtigung des Bergbaues im Gebiet des Dj. bou Dahar (Südostmarokko). — Bergakademie, 5, H. 4, 137–148, Freiberg 1953.

SCHEIBE, E. A.: Eisenerz- und Manganerzlagerstätten in Afrika. — Stahl u. Eisen, 82, 137–146, Düsseldorf 1962.

The Mining Journal, Annual Review, 1963.

Eine einfache Kompaßergänzung zum Einmessen von Geröllachsen[1]

HARALD LÜTZNER, Jena

1. Einleitung

In einem Gestein hat jeder nichtkugelförmige Bestandteil eine bestimmte räumliche Orientierung, die für die Partikel klastischer Sedimente im allgemeinen durch die Lage der aufeinander senkrecht stehenden dimensionalen Achsen A, B und C beschrieben wird. Das Gesamtbild der Orientierung aller Teilchen in einem Sedimentbereich — das sogenannte Anlagerungsgefüge — zeigt Gesetzmäßigkeiten, die Rückschlüsse auf die Transport- und Sedimentationsbedingungen des Materials ermöglichen. Das ist besonders für die Untersuchung grobklastischer Gesteine wichtig, da man auf diese Weise Anhaltspunkte für die jeweilige lokale Transportrichtung gewinnt. Die Voraussetzung für die Erfassung des Anlagerungsgefüges in Kiesen und Konglomeraten bildet ein geeignetes Verfahren zum Einmessen der Geröllachsen, das einerseits genügend genaue Einzelwerte für die statistische Erhebung liefert, andererseits möglichst geringen Zeitaufwand erfordert.

2. Bisherige Verfahren

Die in der Literatur beschriebenen Meßmethoden lassen sich drei Gruppen zuordnen, wobei die Messung durch

a) Orientierungstafel,
b) Goniometer,
c) Kompaß

erfolgt.

Orientierungstafeln werden von einigen Autoren benutzt, um aus der Einregelung von Geschieben in Geschiebemergeln und pleistozänen Schuttmassen deren Transportrichtung zu rekonstruieren. POSER & HÖVERMANN (1951) verwenden eine halbkreisförmige Tafel, die in 6 Sektoren eingeteilt ist. Die Klassenbreite beträgt somit 30°. Die Bisektrix des Halbkreises wird als Nullstrahl gewählt, und die Azimutklassen in beiden Richtungen werden mit I bis III bezeichnet. Die Tafel hält man horizontal vor den Aufschluß, wobei der Nullstrahl in Richtung des Tal- bzw. Hanggefälles zeigt. Es wird die Zahl der Geschiebe protokolliert, deren A-Achsen bei geringer Neigung in den Klassen I, II oder III liegen. In eine Klasse IV fallen sämtliche Geschiebe mit steilstehender A-Achse. MACCLINTOCK (1959) benutzte eine Tafel mit Sektoren von 10° Klassenbreite, die durch Holzleisten abgegrenzt werden. Die Geschiebe können in den Fächern unmittelbar gesammelt und am Schluß gezählt werden. Man bestimmt also mit diesen Verfahren nur das Azimut und verzichtet auf die Bestimmung des Neigungswinkels. Das ermöglicht ein rasches Arbeiten bei geringer Genauigkeit, wie sie z. B. für die Bearbeitung von wassertransportierten Kiesen nicht ausreicht.

[1]) Eingang des Manuskripts in der Redaktion: 20. 5. 1963

Hier kommt es darauf an, auch den Neigungswinkel der Achsen möglichst genau zu bestimmen.

Das erste Goniometerverfahren beschreibt WADELL (1936). Die Gerölle werden im Feld signiert, entnommen und im Labor an Hand der Signatur auf einem zweikreisigen Kontaktgoniometer reorientiert aufgestellt. Danach erfolgt die eigentliche Messung, die mit großer Genauigkeit ausgeführt werden kann. Die Sicherheit der Werte wird jedoch durch eine unvermeidliche Ungenauigkeit beim Auftragen der Signatur und bei der Reorientierung etwas herabgesetzt. Daneben sind vor allem der große Zeitaufwand und der Transport vom Aufschluß zum Labor sehr nachteilig. Die Goniometermethode wurde verschiedentlich weiterentwickelt (z. B. KARLSTROM 1952, SCHLEE 1957), ihre prinzipiellen Nachteile bleiben aber bestehen. Außerdem bringen diese Verbesserungen nur in Lockersedimenten eine wesentliche Zeitersparnis, jedoch nicht in mehr oder weniger verfestigten Psephiten.

Das direkte Einmessen der Geröllachsen mit dem Kompaß kann zunächst dadurch erfolgen, daß man die N—S-Richtung des Kompasses parallel zum Azimut der Achse hält und die angezeigte Richtung abliest. Der Fallwinkel wäre entsprechend mit dem Klinometer zu bestimmen. Zweifellos gehen dabei erhebliche subjektive Fehler in die Werte ein, insbesondere für das Azimut bei steiler und für den Fallwinkel bei flacher Achsenlage. Ferner ist von Einflüß, unter welchem Blickwinkel der Bearbeiter einstellt, wie der Aufschluß verläuft usw.

Diese Mängel können durch Zusatzeinrichtungen zum Kompaß weitgehend beseitigt werden. So benutzt KALTERHERBERG (1956) als Geröllmeßkompaß eine Kombination mit zwei Winkelmessern. Die Kante einer Plexiglasscheibe, die den einen Teilkreis trägt, wird parallel zur Geröllachse gehalten. Nach der Einstellung des Kompasses liest man Azimut und Fallen unmittelbar ab. Die Ungenauigkeit wird dadurch stark herabgesetzt; trotzdem aber bleibt das Parallelhalten einer Kante zur gedachten Geröllachse subjektiv beeinflußt. Außerdem läßt sich die Konstruktion nur auf Schichtflächen leicht anwenden, während sie in senkrechten Anschnitten unbequem zu handhaben ist.

3. Neue Meßvorrichtung

Geröllachsen können als gedachte Lineare aufgefaßt werden, die durch jeweils zwei Punkte der Gerölloberfläche gegeben sind: die A-Achse durch das Punktpaar mit dem größten geradlinigen Abstand, die B-Achse durch das Punktpaar mit maximalem Abstand in der Zone von A. Die C-Achse steht senkrecht auf der AB-Ebene, ihre Länge wird durch den maximalen Punktabstand in dieser Richtung bestimmt.

HEMPEL (1961) benutzt zur Messung von Linearen in der Tektonik eine Kompaßergänzung in Form einer rechteckigen Leichtmetallplatte, die senkrecht zur Grundplatte des Kompasses und drehbar um dessen W—E-Achse angebracht wird. Die Unterkante der Ergänzungsplatte legt man an die Lineare an, bringt den Kompaß wie bei einer üblichen Flächenmessung in horizontale Lage und läßt die Nadel einspielen. Am Kompaß wird das Azimut, an einem zweiten Teilkreis auf der Ergänzungsplatte der Fallwinkel abgelesen.

Diese Vorrichtung kann man für die Messung von Geröllachsen ausbauen. Auf der Ergänzungsplatte werden zwei Arme angebracht (Abb. 1), deren Enden etwas abgebogen sind, so daß sie zusammen eine Art Außentaster ergeben. Der eine Taster ist fest montiert, der andere kann auf einem Schlitten mit Schwalbenschwanzführung bewegt werden.[2]) Der Außentaster wird an den beiden Punkten, die die Achse definieren, angelegt, der Schlitten arretiert und der Kompaß in horizontale Lage gebracht (Abb. 2). Die Ablesung erfolgt in der gleichen Weise wie bei der Messung von Linearen (vgl. HEMPEL 1961).

Außer Azimut und Fallen wird auf der unteren Schiene die Länge der Achse an einer cm-Teilung abgelesen, die den Abstand der beiden Taster angibt. Die abgebildete Konstruktion eignet sich für eine Achsenlänge zwischen 2 und 10 cm. Beide Arme sind durch eine Schraube befestigt und können ohne Mühe gewendet werden. Dadurch entsteht ein Innentaster, den man gelegentlich zum Einmessen von Achsen an herausgelösten Hohlgeröllen oder sonstigen Hohlräumen benötigt. Die Maße sind so eingerichtet, daß in diesem Fall zu den auf dem Längenmaßstab abgelesenen Werten 2 cm addiert werden müssen.

Mit der beschriebenen Meßanordnung läßt sich die gleiche Genauigkeit erreichen wie bei einer gewöhnlichen Flächenmessung, da das Parallelhalten einer Plattenkante zu einer gedachten Linie entfällt. Insbesondere kann mit Hilfe des Außentasters die A-Achse als maximaler Durchmesser des Gerölls leicht und sicher bestimmt werden. Auch bei der Messung der übrigen Achsen wird der Kompaß direkt angelegt; jedoch muß man sich auf den Augenschein verlassen, daß die eingestellte B- oder C-Achse auch wirklich senkrecht auf A steht. Ein größerer Fehler entsteht dabei nicht.

Die Meßmethode eignet sich für alle Sedimente, deren Gerölle sich ohne Zerstörung der Korngrenzen so weit

[2]) Die Herstellung der Kompaßergänzung übernahm die Werkstatt der Forschungsstelle für Übermikroskopie an der Friedrich-Schiller-Universität in Jena, wofür ich den Kollegen HAMMERSCHMIDT und ROSSBACH auch an dieser Stelle bestens danke. Nicht zuletzt danke ich meinem Kollegen Dr. HEMPEL für wertvolle Hinweise.

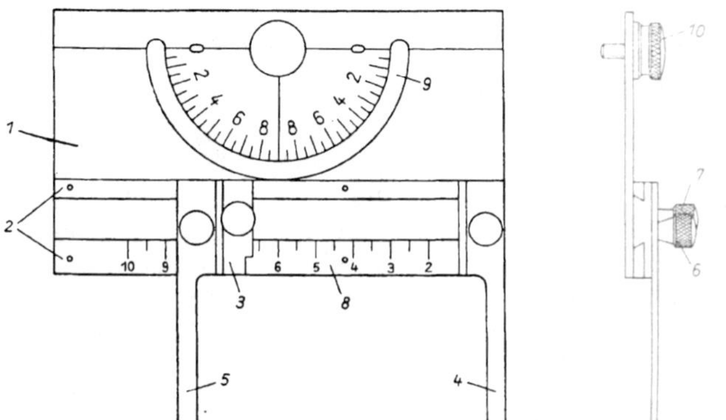

Abb. 1. Ergänzungsplatte zum Geologenkompaß für die Einmessung von Geröllachsen

1 — Leichtmetallplatte, 2 — Schienen, 3 — Schlitten, 4 — feststehender Arm, 5 — beweglicher Arm, 6 — Befestigungsschrauben, 7 — Arretierschraube, 8 — cm-Teilung, 9 — Gradschlitz, 10 — Schraube zur Befestigung am Kompaß, gleichzeitig horizontale Drehachse der Platte. Maßstab: cm-Teilung (8)

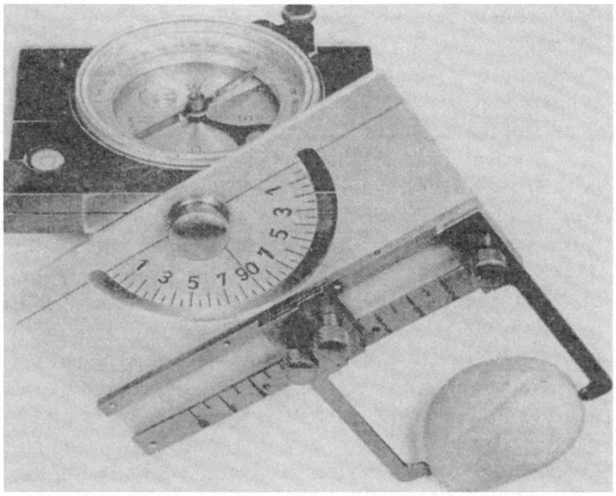

Abb. 2. Meßanordnung für die direkte Messung der A-Achse an einem plattigen Geröll

freilegen lassen, daß der Außentaster an die freiliegenden beiden Endpunkte der Achsen angelegt werden kann. In Lockersedimenten läßt sich das leicht durchführen, in mäßig verfestigten Konglomeraten müssen die Gerölle freigemeißelt werden. Das Anlagerungsgefüge wird am häufigsten durch eine der folgenden drei Konzeptionen erfaßt:

1. Messung der A-Achsen ohne Rücksicht auf die Geröllform (z. B. KALTERHERBERG 1956),
2. Messung der A-Achsen an stengligen Geröllen (z. B. SCHLEE 1957),
3. Messung der C-Achsen an plattigen Geröllen (z. B. SCHLEE 1957).

Da die A-Achsen meist nur eine geringe primäre Neigung haben, eignen sich für deren Messung die Schichtflächen am besten. Der Vorteil der Meßanordnung liegt hier vor allem darin, daß auch geringe Neigungsunterschiede gegenüber der Schichtfläche bzw. bei rezenten Sedimenten gegenüber der Horizontalebene sicher erfaßt werden können. Die meist steilstehenden C-Achsen lassen sich in Anschnitten senkrecht zur Schichtung messen. Wenn diese fehlen, was bei der Bearbeitung rezenter Ablagerungen im allgemeinen der Fall sein wird, so muß man C nötigenfalls aus A und B konstruieren.

Die Darstellung erfolgt in normalen Gefügediagrammen.

Zusammenfassung

Es wird eine Ergänzung zum einfachen Geologenkompaß des VEB Freiberger Präzisionswerke beschrieben, die zur direkten Einmessung von Geröllachsen dient. Die Vorteile der Vorrichtung werden den älteren Verfahren kurz gegenübergestellt.

Резюме

Описывается дополнение к простому горному компасу народного предприятия Фрейбергер Прецизионсверке, служащее для непосредственного замера осей валунов. Преимущества этого приспособления сопоставляются с более старыми приемами.

Summary

An attachment to the ordinary geologist's compass of VEB Freiberger Präzisionswerke is described and serves for the direct measurement of boulder axes. Its advantages are briefly compared to earlier methods.

Literatur

HEMPEL, G.: Die Messung von Linearen in der Tektonik. – Z. angew. Geol., **7**, 228–234, Berlin 1961.

KALTERHERBERG, J.: Anlagerungsgefüge in grobklastischen Sedimenten. – N. Jb. Geol. Paläontol., Abh. **104**, 30–57, Stuttgart 1956.

KARLSTROM, TH. N. V.: Improved equipment and techniques for orientation studies of large particles in sediments. – Journ. Geol., **60**, 489–493, Chicago 1952.

MACCLINTOCK, P.: A till-fabric rack. – Journ. Geol., **67**, 709–710, Chicago 1959.

POSER, H. & J. HÖVERMANN: Untersuchungen zur pleistozänen Harzvergletscherung. – Abh. braunschw. wiss. Ges., **3**, 61, Braunschweig 1951.

SCHLEE, J.: Fluvial gravel fabric. – Journ. Sed. Petr., **27**, 162–176, 1957.

WADELL, H.: Volume, shape, and shape position of rock fragments in openwork gravel. – Geogr. Annaler, **18**, 74–92, 1936.

Bemerkungen zu geologischen Untersuchungen auf statistischer Grundlage[1]

DIETRICH OPITZ, Leipzig

In dem Aufsatz „Über die Aussagekraft von Erkundungsbohrungen“ in Heft 5 (1963) dieser Zeitschrift wird von STAMMBERGER der Variationskoeffizient einer Kritik auf statistischer Grundlage unterzogen. Sehr richtig wird festgestellt, daß der Variationskoeffizient in der hier dargestellten Form $V = \sigma/M$ den gestellten Anforderungen der Geologen nicht genügt. Der Verfasser weist auch darauf hin, daß die Aussagekraft vom Umfang der Stichprobe abhängt. Nimmt man an, daß eine begrenzte Lagerstätte einen wahren Variationskoeffizienten, also einen wahren Mittelwert und eine wahre Streuung, besitzt, dem Beobachter aber beide Werte unbekannt sind, so will er doch durch eine begrenzte Stichprobe Auskunft über diesen Koeffizienten erhalten. Aus der Stichprobe gewinnt er aber nicht σ, sondern die Stichprobenvarianz s, nicht M, sondern das Stichprobenmittel $\bar{x}$. Dabei bedeutet

$$s^2 = \frac{1}{n-1} \sum (x - \bar{x})^2 \qquad (1)$$

(Praktisch wurde in Tab. 1 und 2 auch dieser Wert ermittelt und nicht die Größe σ, gemäß Formel (2) des genannten Artikels.)

Grundsätzlich ist über Stichprobenmittel folgendes bekannt: Alle möglichen Stichproben vom Umfang n besitzen solche Werte $\bar{x}$ und s. Dabei genügt s einer χ^2-Verteilung und $\bar{x}$, selbst bei asymmetrischer Verteilung der x, asymptotisch einer Normalverteilung. Es ist s die beste Schätzung für σ. Je geringer der Probenumfang n ist, desto geringer ist die Sicherheit für die Ermittlung eines brauchbaren Vertrauensbereichs für M (der Vertrauensbereich wird sehr groß, die Bestim-

[1]) Eingang des Manuskripts in der Redaktion: 15. 8. 1963

mung also sehr ungenau). Grundlage für die richtige Beurteilung von $\bar{x}$ ist nicht die Normalverteilung N(M, σ), sondern die t-Verteilung von STUDENT, die vom Umfang der Stichprobe abhängt.

$$P\left\{|\bar{x} - m_1| \leq t_\beta \cdot \frac{s}{\sqrt{n}}\right\} = 1 - \beta \qquad (2)$$

Hierin bedeutet (1 — β) die Sicherheit der Aussage bzw. β die Wahrscheinlichkeit, daß man sich irrt; m_1 ist der unbekannte, wahre Wert, somit $|\bar{x} - m_1|$ die absolute Abweichung vom wahren Wert; $s/\sqrt{n}$ ist die Varianz des Stichprobenmittels und t_β der Tabellenwert der STUDENTschen Verteilung, der zur Irrtumswahrscheinlichkeit β gehört. Der oben als Formel gegebene Ausdruck (2) ist folgendermaßen zu lesen: „Die Wahrscheinlichkeit P dafür, daß das Stichprobenmittel $\bar{x}$ vom wahren Wert m_1 um nicht mehr als das $t_\beta$fache der Varianz des Stichprobenmittels abweicht, ist 1 — β."

Benutzt man die t-Verteilung für die Beispiele der Tab. 1 und 2 des Artikels, so ergibt sich bei einer Sicherheit von 1 — β = 95%

$$|M_1 - m_1| \leq 2{,}18 \cdot 1{,}08 = 2{,}35$$
$$|M_2 - m_1| \leq 2{,}31 \cdot 0{,}015 = 2{,}11$$

Auf Grund der hohen Varianzen bestehen nach Formel (3)

$$t = \frac{\bar{x} - \bar{y}}{s} \sqrt{\frac{n_1 \cdot n_2}{n_1 + n_2}} \qquad (3)$$

$$\text{wobei} \quad s^2 = \frac{s_x^2 (n_x - 1) + s_y^2 (n_y - 1)}{(n_x - 1) + (n_y - 1)}$$

keine signifikanten Unterschiede zwischen M_1 und M_2. Mit der angewandten Methodik sind keine wesentlichen Unterschiede erkennbar.

Aus der χ^2-Verteilung der Größe s^2 kann man die Streuung für s ableiten und erhält $\sigma_s = s/\sqrt{2n}$. Ist nunmehr $\sigma_{\bar{x}} = s/\sqrt{n}$, so kann man mit Hilfe des Fehlerfortpflanzungsgesetzes auch einen Ausdruck für die Streuung des Variationskoeffizienten finden

$$\sigma_V^2 = \frac{V^2}{n}\left(\frac{1}{2} + V^2\right) \qquad (4)$$

Im Beispiel der Tab. 1 erhält man $\sigma_V = 17\%$, für Tab. 2 22,5%. Diese Werte zeigen, daß die kürzere Meßreihe ungenauere Werte für den Variationskoeffizienten liefert.

Alle diese Angaben sind korrekt, wenn man Richtungstendenzen in der Änderung der Meßwerte vernachlässigt.

Die erwähnten Methoden können aber auch dann nützen, wenn beispielsweise ein ganzes Profil von Probenwerten, die etwa in 10-m-Abständen entnommen wurden, untersucht wird. Dort ergeben sich — zunächst rein optisch, wenn man die Probenwerte auf Millimeterpapier aufträgt — sehr oft Niveausprünge (z. B. zu Bereichen sehr hoher Erzgehalte), deren Signifikanz mit eben dieser t-Verteilung als existent bewiesen werden kann. Andererseits zeigen sich Bereiche, die, mit der Methode der kleinsten Quadrate ausgeglichen, Tendenzen (Abnahme, Zunahme) zeigen, die nicht übersehen werden dürfen (z. B. an der Bedingungsgrenze der Abbauwürdigkeit).

Die sich ergebenden Kennziffern ($\bar{x}$, s, $s/\sqrt{n}$, Konfidenzintervalle, Mittelwertvergleiche, Ermittlung von Gradienten) sind ein konzentriertes Tatsachenmaterial, aus dem man versuchen müßte, Bedingungen für die Dichte der Bohrungen bei festgelegter Aussagekraft abzuleiten. Die Größen $t_\beta \cdot s/\sqrt{n}$ und $t_\beta \cdot s$ spielen bei all diesen Überlegungen eine entscheidende Rolle (auch dann, wenn s unter Berücksichtigung eines Gradienten ermittelt wurde). Beispielsweise kann man sie von vorgegebenen Bedingungsgrenzen g (wie die Grenze der Abbauwürdigkeit) abziehen und erhält eine untere Vertrauensgrenze. Sinken die Einzelwerte unter diese Grenze $g - t_\beta \cdot s$ ab, so kann man die Abstände der Probenahmen vergrößern etc.

100%ige Rezepte kann die theoretische Statistik aus der Natur der Sache heraus nicht geben, zumindest nicht im voraus. Sie kennt viele Methoden, die bei sinnvoller Anwendung wertvolle Hinweise für die weitere Arbeit geben können. Doch müssen sich die Methoden möglichst aus den vergangenen Erfahrungen begründen. Je weniger man weiß, um so aussageärmer sind die Methoden. Umgekehrt, je umfassender die Erfahrungen sind, desto speziellere Methoden bietet die theoretische Statistik („Mathematische Statistik" ist in gewissem Grade ein Pleonasmus).

Im übrigen ist es sehr zu begrüßen, daß dieser Zweig der angewandten Mathematik immer mehr Eingang in die Praxis aller Wissenschaften, insbesondere auch der Geowissenschaften, findet, da ihre Methodik einen außerordentlich universellen Charakter trägt.

10 Jahre Ingenieurausbildung in der Fachrichtung Geologie[1]

RUDOLF WASKOWIAK, Zwickau

Der Beruf des Geologie-Ingenieurs ist einer von jenen, die sich in den Jahren nach der Gründung der DDR mit der stürmischen Entwicklung von Produktion und Wissenschaft neu herausbildeten. In den letzten Jahren wuchs mehr und mehr die Zahl der Ingenieure, die in den volkseigenen Erkundungsbetrieben, im Bergbau und in den Bezirksstellen für Geologie tätig sind. Sie sind aus der angewandten Geologie, in der sie ihr Betätigungsfeld gefunden haben, nicht mehr wegzudenken. Die Ausbildung dieser Kader erfolgt an der Bergingenieurschule „Georgius Agricola" in Zwickau, die die einzige Ausbildungsstätte für Geologie-Ingenieure in ganz Deutschland ist. Anläßlich des 10jährigen Bestehens der Fachrichtung kann man feststellen, daß die Absolventen, bisher rund 300 Ingenieure und Techniker, an dem großen Aufschwung der geologischen Erkundung in der DDR stark beteiligt sind, zum Teil in verantwortlichen Funktionen.

Auf die Initiative der Staatlichen Geologischen Kommission wurde 1953 die Fachschule für Geologie in Freiberg gegründet. Anfang des Jahres 1953 nahmen 15 Bewerber das Studium auf. Vorläufer der Fachschule waren die eben-

[1]) Eingang des Manuskripts in der Redaktion: 5. 10. 1963

falls von der damaligen StGK durchgeführten Qualifikationslehrgänge; denn viele Betriebe hatten bereits selbst Kollektoren angelernt, deren weitere Qualifizierung notwendig erschien. Gleichzeitig nahm auch die Bergingenieurschule „Fritz Himpel" in Eisleben die Ausbildung von Montangeologen auf. So konnte man damals in Freiberg an drei verschiedenen Anstalten Geologie studieren, nämlich an der Bergakademie, an der Fachschule für Geologie und an der Außenstelle der Bergingenieurschule Eisleben. Weil aber auf Grund von Sparmaßnahmen der in Freiberg notwendig gewordene Bau eines eigenen Schulgebäudes nicht durchgeführt werden konnte und große Schwierigkeiten in der Beschaffung von Unterrichtsräumen auftraten, beendete die Fachschule für Geologie am 31. August 1955 ihre Tätigkeit. Die beiden Klassen kamen im März bzw. im September 1955 nach Zwickau, wo die Geologenausbildung an der Bergingenieurschule „Georgius Agricola", die im Oktober 1962 ihr 100jähriges Bestehen feiern konnte, eine bleibende Heimstatt erhielt. Im Vergleich zu anderen Ingenieurberufen ist die Fachrichtung Geologie verhältnismäßig klein. Deshalb ist es schon aus ökonomischen Erwägungen heraus unzweckmäßig, die Ausbildung an mehreren Anstalten durchzuführen, ganz abgesehen von den großen Vorteilen, die die Vereinigung für die fachliche Ausbildung und Erziehung mit sich bringt. Daher fand auch die Geologenausbildung in Eisleben ein Ende.

Bei der Gründung der neuen Fachrichtung im Jahre 1953 lagen noch keine konkreten Vorstellungen über den Einsatz ihrer Absolventen vor, zumindest waren keine Erfahrungen vorhanden. Die ersten Lehrpläne konnten den Anforderungen an den Ingenieur noch nicht vollständig entsprechen, und obwohl sich die ersten Jahrgänge zum großen Teil aus erfahrenen Kollektoren und Reviergeologen des Bergbaus zusammensetzten, die alle mit Aufgeschlossenheit und Begeisterung am Unterricht teilgenommen hatten, sind manche praktischen Fertigkeiten noch nicht genügend entwickelt worden. Die Absolventen waren jedoch nach ihrer Ausbildung imstande, sich in verhältnismäßig kurzer Zeit in jedes Arbeitsgebiet einzuarbeiten, für das der Ingenieur vorgesehen ist.

Bei der weiteren Vervollkommnung der Ausbildung bis zum heutigen Stand waren viele Verbesserungen den kritischen Hinweisen aus der Praxis und den Diskussionen mit den Absolventen zu verdanken, deren Selbstbeobachtung der Schule die Möglichkeit gab, das Erreichte mit den tatsächlichen Anforderungen zu vergleichen. 1959 bereits wurde das gesamte Lehrplanwerk auf Grund einer breiten Diskussion mit führenden Vertretern der Praxis und nach Stoffdispositionen der Praxis umgestaltet (K. SCHELLMOSER 1960).

Die Entwicklung in den folgenden Jahren schuf eine gute Ausgangsbasis für die heute aktuelle Aufgabe, die Pläne für den Ausbildungszeitraum 1965—1970 im Sinne der Tendenz der Volkswirtschaft für diesen Zeitraum auszuarbeiten.

Die Beschlüsse des VI. Parteitags der Sozialistischen Einheitspartei Deutschlands und die vom Präsidium des Ministerrats der DDR am 11. Juli 1963 beschlossene und vom Staatsrat bestätigte Richtlinie für das neue ökonomische System der Planung und Leitung der Volkswirtschaft, in denen Tempo und Richtung der weiteren Entwicklung der Produktivkräfte in der DDR festgelegt wurden, sind Richtschnur dieser Arbeit.

Das in H. 2/1964 dieser Zeitschrift veröffentlichte Berufsbild ist der erste Schritt dazu. Es unterscheidet sich nach Form und Inhalt wesentlich von der früheren Fassung (SCHELLMOSER 1960). Es umfaßt alle Merkmale, die den Beruf des Ingenieurs charakterisieren, insofern es alle gesellschaftlichen und individuellen Faktoren des Ingenieurberufs aufdeckt (H. PROSKE 1962). Unter Heranziehung der geologischen Gremien aller einschlägigen VVB des Bergbaus und der geologischen Erkundung wurde das gegenwärtige und für die Zukunft erforderliche Wissen ermittelt und im Berufsbild gekennzeichnet.

Bereits heute kann die Ausbildung auf Grund der in den letzten Jahren durchgeführten Maßnahmen als zielgerichtet und praxisbezogen bezeichnet werden. Durch alle drei Studienjahre ziehen sich Gruppierungen von Fächern, die aufeinander aufbauen, sich bedingen und ergänzen, aber dennoch stofflich voneinander geschieden sind. Die Betonung der technisch-ökonomischen Seite der Ausbildung erfolgt durch fundierte Programme über Marxismus-Leninismus, Betriebsökonomie, Bergbau-, Vermessungs- und Bohrtechnik, Vorratsberechnung, angewandte Geophysik, Grubengeologie und Dokumentation, Feldgeologie und Kartierung, Ingenieurgeologie und Hydrogeologie.

Besonders gewandelt hat sich in diesem Sinne der Inhalt des Faches Lagerstättenlehre. Die früher durchgeführte „Lagerstättenbeschreibung" ist durch eine Methode abgelöst worden, bei der die „Lagerstättengeologie" stets in Verbindung mit technologischen Fragen und damit zwangsläufig auch mit ökonomischen Problemen behandelt wird. Die Wechselbeziehungen zwischen der Geologie der Lagerstätte und der Erkundung, Vorratsberechnung, Gewinnung und Aufbereitung bzw. Verwendung des Lagerstätteninhalts stehen im Mittelpunkt der Darstellung.

Die fachlich-geologische Grundlage für alle Aufgaben des Geologie-Ingenieurs sind die Fächer Allgemeine Geologie (1. Studienjahr), Historische Geologie (2. Studienjahr), Geologie von Deutschland (3. Studienjahr), Mineralogie (1. Studienjahr), Petrographie (2. Studienjahr), Lagerstättenlehre und Mikroskopie (beide 3. Studienjahr). Die Ausbildung in den Fachdisziplinen Mathematik (1. u. 2. Studienjahr), Zeichnen und Raumdarstellung (1. Studienjahr), Geologische Kartenkunde und Vermessungstechnik (beide 2. Studienjahr), Feldgeologie und Kartierung, Grubengeologie und Dokumentation, Lagerstättenlehre sowie Vorratsberechnung (alle 3. Studienjahr) gewährleistet die Einsatzfähigkeit der Absolventen in den wichtigsten Bereichen.

Wegen der zunehmenden Spezialisierung der Wissenschaft und Technik ist heute für die Lösung von wissenschaftlichen

Stundenverteilungsplan der Fachrichtung Geologie.

Die Spalten I, II, III bedeuten Studienjahre, die in Semester aufgeteilt sind (Wintersemester mit 16, Sommersemester mit 17 Unterrichtswochen).

	Unterrichtsfächer	I		II		III	
		1	2	3	4	5	6
1.	Allgemeine Grundlagen						
1.1.	Marxismus-Leninismus	4	4	4	4	2	2
1.2.	Deutsch	2	2	2	2	—	—
1.3.	Russisch	3	2	2	2	—	—
1.4.	Mathematik	8	8	2	2	—	—
1.5.	Physik einschl. Praktikum	3	6	4	—	—	—
1.6.	Chemie einschl. Praktikum	5	5	—	—	—	—
1.7.	Gesundheits- u. Arbeitsschutz	—	—	—	—	2	2
1.8.	Grundlag. d. sozialist. Erziehung im Betrieb	—	—	—	2	—	—
1.9.	Körpererziehung	2	2	2	2	2	—
2.	Spezielle Grundlagenfächer						
2.1.	Allgem. Geologie einschl. Praktikum	4	4	—	—	—	—
2.2.	Zeichnen und räumliche Darstellung	2	2	—	—	—	—
2.3.	Geologische Kartenkunde	—	—	2	2	—	—
2.4.	Vermessungstechnik	—	—	2	2	—	—
2.5.	Bergbautechnik	—	—	4	—	—	—
2.6.	Bohrtechnik	—	—	—	4	—	—
2.7.	Angewandte Geophysik	—	—	—	—	2	2
2.8.	Fossile Lebewesen	2	2	—	—	—	—
2.9.	Histor. Geologie einschl. Praktikum	—	—	4	4	—	—
2.10.	Geologie von Deutschland	—	—	—	—	3	3
2.11.	Mineralogie einschl. Praktikum	2	2	2	2	—	—
2.12.	Gesteinskunde einschl. Praktikum	—	—	4	4	—	—
2.13.	Bodenkunde	—	—	—	—	—	2
2.14.	Ökonomik d. sozialist. Industrie	—	—	3	3	3	3
3.	Spezialfächer						
3.1.	Lagerstättenlehre	—	—	—	—	7	7
3.2.	Vorratsberechnung	—	—	—	—	3	3
3.3.	Feldgeologie und Kartierung	—	—	—	—	3	3
3.4.	Grubengeologie und Dokumentation	—	—	—	—	3	3
3.5.	Ingenieurgeologie	—	—	—	—	2	—
3.6.	Hydrogeologie	—	—	—	—	2	2
3.7.	Einführung in mikroskopische Untersuchungen	—	—	—	—	2	2
	Gesamtstunden pro Woche	37	39	37	35	36	34

und technischen Aufgaben „nicht die Isolierung der Wissenschaften typisch, sondern typisch ist, daß sich verschiedene Wissensgebiete und -zweige annähern, daß sie sich durchdringen, daß sie einander bedingen und ergänzen; mehr noch, daß sich ganze Wissenszweige gegenseitig helfen, um bestimmte wissenschaftliche und praktische Aufgaben zu lösen" (W. BEETZ 1962, S. 17—44). Die Ausbildung hat dieser Entwicklung auch im Fachschulwesen Rechnung zu tragen. Auch aus dem noch nicht großen Umfang dieser Fachausbildung ergibt sich zwangsläufig, daß keine Hydrogeologen, Petrographen, Ingenieurgeologen, kartierenden Geologen usw. ausgebildet werden können, sondern es müssen ein so breites geologisches Grundwissen und eine Kenntnis der Arbeitsmethoden auf den Spezialgebieten vermittelt werden, daß die jungen Menschen durch die Ausbildung dazu befähigt werden, sich nach dem Schulbesuch relativ schnell in bestimmte Aufgaben einzuarbeiten.

Das Assistentenjahr ist durch eine Verordnung im Jahre 1961 (Verordnung über die Unterstützung und Förderung der Absolventen der Universitäten, Hoch- und Fachschulen beim Übergang vom Studium zur beruflichen Tätigkeit vom 6. April 1961, G.-Bl. II/25, 1961) weggefallen, es ist lediglich eine Einarbeitungszeit vorgesehen, deren Dauer der Betrieb nach der auf ein dreijähriges Verhalten im Kollektiv gegründeten und auch kollektiv angefertigten Beurteilung der Schule über den Absolventen individuell bemißt.

Eine Spezialisierung während des Studiums ist höchstens nach großen Industriezweigen möglich, wie das Beispiel der Studienrichtung Braunkohlengeologie innerhalb der Fachrichtung Geologie an der Bergingenieurschule Zwickau zeigt (R. WASKOWIAK 1962).

Sollte es noch vorkommen, daß der Geologie-Ingenieur nicht seiner Ausbildung gemäß zum Einsatz kommt, so kann dadurch die weitere Entwicklung des Absolventen sehr erschwert werden. Es ist zu hoffen, daß sich eine positive Einstellung zum Geologie-Ingenieur allgemein durchsetzen wird. Vom Gesichtspunkt des Nachwuchsproblems aus gesehen, ist es für die ständige Auffrischung des Kaderbestands in der Geologie ein nicht zu unterschätzender Vorteil, daß heute auch junge Menschen ohne Abitur den Beruf eines Geologen ergreifen können.

Es gilt, Facharbeiter, Ingenieure und Akademiker so einzusetzen, daß ihre Aufgaben sinnvoll koordiniert sind.

Der Ingenieurberuf in der Geologie ist keine Notlösung oder vorübergehende Erscheinung. Er unterscheidet sich vom Diplom-Geologen und Kollektor in der Aufgabenstellung.

Die zukünftige Verbesserung der Ausbildung wird folgende Schwerpunkte aufweisen:

1. enge Verbindung von Theorie und Praxis;
2. Vertiefung und Verzahnung der naturwissenschaftlichen und technischen Grundausbildung;
3. Aneignung der Fähigkeit, ökonomisch zu denken und zu handeln;
4. Förderung des selbständigen und schöpferischen Arbeitens der Studierenden;
5. praktische Anwendung des Gelernten bereits während der Ausbildung, zum Teil in der Schule, zum Teil in den Betrieben während der Praktika.

Trotz des bisher Erreichten erfordern die neuen Aufgaben noch große Anstrengungen und eine engere Zusammenarbeit mit der Industrie, deren Einfluß auf die Ausbildung nicht nur in kritischen Hinweisen und der Bereitstellung von Lehrmaterial wie Karten, Ergebnisberichten, Bohrkernen, Sammlungen, Vorträgen, sondern vor allem auch bei der besseren Vorbereitung und Auswahl der Studienbewerber und in einer besseren systematischen Betreuung der Praktikanten wirksam werden kann.

Von der Einführung des Facharbeiterberufs „Laborant für Geologie und Mineralogie" ist auch eine bessere Auswahl und Vorbildung der Studienbewerber und ein größerer Wirkungsbereich der Ingenieurausbildung zu erhoffen.

Die Ausbildung des Ingenieurs setzt sich aus theoretischem und praktischem Unterricht einschließlich Übungen, aus Fachvorträgen von Praktikern, aus Exkursionen, Praktika und der Ingenieurarbeit zusammen.

Die vorstehend abgedruckte Stundentafel gibt die Verteilung der Unterrichtsstunden auf die Einzelfächer an.

Literatur

BEETZ, W.: Durch wissenschaftliche Kommissionsarbeit zu neuen Studienplänen. — Informationsblatt der Zentralstelle für die Fachschulausbildung, Bereich Grundstoffindustrie, Zwickau, H. 3, S. 17—44, 1962.

PROSKE, H.: Erst die neue Qualität des Berufsbildes garantiert einen neuen Studienplan. — Informationsblatt der Zentralstelle für die Fachschulausbildung, Bereich Grundstoffindustrie, Zwickau, H. 3, S. 44—59, 1962.

SCHELLMOSER, K.: Zum Berufsbild für Geologie-Ingenieure. — Z. angew. Geol., 6, H. 6, S. 130—131, 1960.

WASKOWIAK, R.: Berufsbild des Geologie-Ingenieurs. — Z. angew. Geol., 6, H. 6, S. 121 bis 130, 1960.

— Der Geologie-Ingenieur für den Braunkohlenbergbau. — Bergbautechnik, 12, S. 491—492, 1962.

Verordnung über die Unterstützung und Förderung der Absolventen der Universitäten, Hoch- und Fachschulen beim Übergang vom Studium zur beruflichen Tätigkeit vom 6. April 1961. — G.-Bl. II/25, 1961.

Internationales Kolloquium für Photogrammetrie 1963

Vom 16.—21. 9. 1963 hatten die Gesellschaft für Photogrammetrie in der DDR und der Lehrstuhl für Photogrammetrie an der Technischen Universität Dresden zu einem „Internationalen Kolloquium für Photogrammetrie" eingeladen, welches in Zusammenarbeit mit der Polnischen Gesellschaft für Photogrammetrie und dem Ungarischen Geodätischen und Kartographischen Verein in Dresden stattfand.

Die in sechs Arbeitskreisen mit teilweise parallelen Veranstaltungen unter starker Beteiligung des sozialistischen Auslands referierten Themen gaben einen guten Überblick über den Stand der vielfältigen Auswerte- und Anwendungsmethoden der terrestrischen und der Aerophotogrammetrie.

Eine Arbeitsgruppe widmete sich den Problemen des Gerätebaus. Dr.-Ing. WEIBRECHT berichtete über das Stecometer, einen Präzisions-Luftbildstereokomparator, während sich Prof. Dr.-Ing. SCHWIDEFSKY (Westdeutschland) mit dem Thema „Mensch und Automat in der Photogrammetrie" beschäftigte.

Mehrere Referenten aus der DDR und der VR Ungarn erläuterten Verbesserungen der photogrammetrischen Geräte, und Dipl.-Ing. BEZZEGH (Ungarn) gab ein neues Verfahren für die Auswertung von Weitwinkel- und Überweitwinkelaufnahmen bekannt.

In der Arbeitsgruppe „Probleme der Kartenherstellung" nahmen Themen über die Technologie, die Genauigkeit und die Wirtschaftlichkeit der photogrammetrischen Herstellung großmaßstäblicher Karten einen breiten Raum ein. Prof. Ing. OPRESCU (VR Rumänien) gab Beiträge zur Frage der photogrammetrischen Höhenauswertung in Gegenden mit Mikrorelief.

Die unter Leitung von Prof. Dr.-Ing. RÜGER stehende Arbeitsgruppe „Terrestrische Photogrammetrie" hatte folgende Vorträge auf der Tagesordnung: Dipl.-Ing. ADLER (ČSSR) sprach über die Anwendung der Photogrammetrie im ingenieurwissenschaftlichen Versuchswesen. Den Einfluß der Deformation von Photoplatten auf die Genauigkeit der terrestrischen Photogrammetrie behandelte Dipl.-Ing. PETRÁS (ČSSR). Verm.-Ing. MEYER machte Vorschläge zur Paßpunktbestimmung in der terrestrischen Stereophotogrammetrie bei kurzen Aufnahmeentfernungen.

Mit „Problemen der Paßpunktverdichtung" beschäftigte sich eine weitere Arbeitsgruppe. Prof. Dr.-Ing. JOCHMANN ging auf eine Möglichkeit zur Steigerung der Genauigkeit des Folgebildanschlusses ein. Mit der zweckmäßigen Abstimmung der Signalformen und -farben auf den Untergrund und das Aufnahmematerial befaßte sich Prof. Dr. ACKERL (Österreich). Dipl.-Ing. RYMAROWICZ (VR Polen) referierte über die graphische Ausgleichung der Aerotriangulationsstreifen im Block. Dipl.-Ing. VAGACS (VR Ungarn) vermittelte das ungarische Verfahren der Luftbildtriangulation mit dem Modellverfahren, und Dipl.-Ing. SZÖRENYI (VR Ungarn) erläuterte an Hand eines Triangulationsbeispiels die Anwendung von elektronischen Rechenmaschinen in der analytischen Photogrammetrie. Über aerophotogrammetrische Punkteverdichtung mit vereinfachtem Verfahren berichtete Dipl.-Ing. GREGOR (ČSSR).

Eine weitere Arbeitsgruppe behandelte die „Anwendung der Photogrammetrie im Forstwesen". Hierbei handelte es sich hauptsächlich um die Verwendung von Luftbildern für die Forstvermessung und Forstordnung.

Wenn auch die meisten photogrammetrischen Themen vorwiegend den Markscheider interessiert haben dürften, so gaben jedoch die mehr der geologischen Photointerpretation dienenden Vorträge der Arbeitsgruppe „Anwendung der Photogrammetrie in der Geologie, Glaziologie und im Bergbau" besonders dem kartierenden und dem Ingenieurgeologen wesentliche Hinweise. Die Leitung der Arbeitsgruppe lag in den Händen von Dipl.-Geol. VOIGT, BKK Lauchhammer. Es überraschte allgemein, daß in dieser Gruppe ausschließlich polnische Fachkollegen das Vortragsprogramm bestritten. Prof. GUZIK und seine Schüler referierten über die Methoden, die durch die Fachrichtung Geologie an der Universität Warszawa und am Laboratorium für geologisches Kartieren der Polnischen Akademie der Wissenschaften entwickelt worden sind. Prof. GUZIK und Dipl.-Ing. KONIECZNY behandelten die Anwendung von Schrägaufnahmen für die geologische Kartierung. Schrägaufnahmen sind in einem gut aufgedeckten Gelände besonders gut auswertbar, weil sie dem „Feldblick" entsprechen. Für steile Hänge, vor allem im Gebirge, bieten sie mitunter die einzige Möglichkeit der genauen Kartierung. Durch stereoskopisches Arbeiten läßt sich die Auswertegenauigkeit wesentlich erhöhen, weil für die markanten Punkte Raumkoordinaten bestimmt werden können. Besondere Bedeutung besitzen die Schrägaufnahmen für die Aufnahme und Dokumentation von Gruben aller Art und von Steinbrüchen. Prof. GUZIK setzte sich in einem weiteren Vortrag terminologisch mit der Photogrammetrie als Methode der geologischen Forschung und Kartierung auseinander. Er dehnte dabei deren Anwendungsbereich bis auf die geotechnischen Modellversuche und auf kristallographische und mikropaläontologische Vermessungen aus. Prof. Dr.-Ing. KOWALCZYK (Bergakademie Kraków) konzentrierte seine Ausführungen über die Einbildaufnahmen auf deren Anwendung für die geologische Dokumentation der Gruben und Strecken. Farbige Untertageaufnahmen mit Blitzlicht ermöglichten beispielsweise die Aufnahme von 200 m Strecke in 8 Stunden (eine Aufnahme dauerte 2 Minuten). Die Entzerrung wurde in einem Vergrößerungsgerät mit allseitig schwenkbarer Bodenplatte vorgenommen.

Die Vortragsreihe der Warschauer Kollegen setzte Mgr. OSTAFICZUK fort mit dem Thema „Die Erforschung der Bewegung einer Erdrutschung mittels terrestrischer Photogrammetrie". Er zeigte, daß es durch die in regelmäßigen Abständen wiederholten Messungen möglich war, sämtliche Massenverfrachtungen quantitativ und qualitativ zu erfassen. Durch das sogenannte Zeitparallaxendiagramm — zwei zeitlich getrennte stereoskopische Aufnahmen vom gleichen Standpunkt aus, mit Bildaustausch übereinander kopiert — werden an sich unsichtbare Veränderungen im Gelände (Risse) sichtbar gemacht.

Prof. GUZIK und Ing. JACZYNOWSKI berichteten über Versuche der Rekonstruktion der Erosion und Akkumulation des Pleistozäns in der Tatra durch Photointerpretation, während es Mgr. HAKENBERG gelungen war, die Grenze Campan/Santon nördlich von Jedrzejów durch Luftbildauswertung zu berichtigen. Die durch unterschiedliche Höhe der Tonkomponente hervorgerufene wechselnde Porosität der Mergel verursachte auf Grund des Feuchtigkeitsgehalts eine Gliederung des Gebietes in wechselnd helle und dunkle Streifen, die am Erdboden wegen der geringmächtigen Bedeckung nicht zu erkennen waren und nur durch viele Schürfe und chemische Analysen hätten herausgearbeitet werden können.

Die Tagungsteilnehmer hatten Gelegenheit, die Einrichtungen des Geodätischen, des Kartographischen und des LOHRMANN-Instituts der Technischen Universität Dresden zu besichtigen. Exkursionen führten zu den Produktionsstätten für den photogrammetrischen Gerätebau beim VEB Carl Zeiss Jena, in das Osterzgebirge und nach Moritzburg, wo photogrammetrische Arbeiten von Forstbetrieben gezeigt wurden. Eine kleine Ausstellung photogrammetrischer Arbeiten gab einen Einblick in die bei verschiedensten Institutionen durchgeführten Arbeiten.

U. REICH

Besprechungen und Referate

Autorenkollektiv

Vorläufige Ergebnisse der Bohrung Münsterland 1

„Erdöl und Kohle", 16, Nr. 5 (1963), S. 357—361

Über die vielbeachtete Bohrung Münsterland 1, die tiefste Europas, die im zentralen Teil des Münsterschen Oberkreidebeckens zur Erforschung der Schichtenfolge unterhalb des Steinkohlengebirges bis auf 5956 m niedergebracht wurde und somit der 6000-m-Grenze nahekam, werden in der vorliegenden Arbeit vorläufige Ergebnisse zusammenfassend mitgeteilt. Für die eingehende Behandlung der Probleme ist ein Symposium geplant, das von einer großen Zahl von Autoren vorbereitet wird. Die überregionale Bedeutung der Bohrung steht außer Zweifel. Sie wurde etwa 20 km WNW von Münster außerhalb stärkerer variszischer Faltung und höherer Diagenese wie auch saxonischer Brüche und Überschiebungen angesetzt. Seismische Messungen hatten dort unterhalb der Kreide einen Sattel mit axialem Anstieg nach NE erkennbar gemacht.

Das dem Bericht beigefügte Säulenprofil zeigt eine Folge von meist flach liegenden, nur im Namur z. T. sehr steil einfallenden und mit Störungen verbundenen Schichten, und zwar:

bis 1735 m Oberkreide
„ 1795 m Alb
— — — Transgression — — —
„ 1918 m Westfal B
„ 2796 m Westfal A
„ 5438 m Namur
„ 5507 m Unterkarbon
„ 5956 m Ober- und Mitteldevon

Während Westfal B und A sich als petrographisch und mikrofaunistisch denen des Ruhrgebietes sehr ähnlich erwiesen, überraschte das Namur (Schiefertonserien im Wechsel mit Silt- und Feinsandsteinen) durch eine Mächtigkeit von 2000 m. Westfal und hohes Namur enthalten 90 Flöze von bis zu 1,2 m, in Summa 45 m Mächtigkeit. Unter einem geringmächtigen Unterkarbon (Dinant) von meist sauerländischer Fazies wurden ein Oberdevon von der belgischen und Aachener Entwicklung ähnlicher Fazies und sodann ein Mitteldevon mit meist reinen Kalksteinen, schließlich an der Basis der Bohrung ebenfalls mitteldevonischer Quarzit angetroffen. Das mehr als erwartet gestörte untere Oberkarbon deutet darauf, daß die variszische Faltung nach NW nur sehr allmählich abklingt. Das Oberdevon liegt dagegen fast horizontal.

Eingehend wurde der diagenetische Zustand der tiefen Gesteinsschichten, besonders der paläozoischen Sedimente, untersucht, da es sich dabei um eine erdölgeologische Kernfrage handelt — mit dem Ergebnis, daß die stärker umgewandelten Gesteine der größeren Teufen für die Erdgassuche wenig aussichtsreich sind. Unterkarbon und Devon liegen im Münsterland in zu großer Tiefe, was aber benachbarte alte Schwellenregionen mit geringerer Diagenese nicht ausschließt. Die nicht fündige Bohrung ergab immerhin das Vorhandensein zahlreicher dunkler Tongesteine (Bitumenbildner) und von Sandsteinen und Kalksteinen, die in besserer tektonischer Position potentielle Speichergesteine wären, sowie von Kluftporositäten in großer Tiefe. Untersuchungen über Nutzporosität, Permeabilität und Druckfestigkeit ergaben, daß die Porosität der Oberkarbonsandsteine in 2100 m Teufe rund 5% bei einer Durchlässigkeit von

0,01 md beträgt, unterhalb 3000 m aber 1% unterschreitet, bei kaum noch meßbarer Durchlässigkeit. In dem Artikel wird hervorgehoben, daß so gründliche Untersuchungen bisher nur von sowjetischer Seite, und zwar am Ostrand der Sibirischen Tafel, gemacht worden seien. Die vorgefundenen Gase waren an die Kohle gebunden. Zwischen den Anteilen der höheren KW und der mit der Teufe zunehmenden Diagenese der Kohlen wurden Gesetzmäßigkeiten gefunden. Methan tritt noch in größeren Teufen auf. Schallhärtemessungen mit Soniclog und versenktem Geophon ergaben eine gleichmäßige Geschwindigkeitszunahme von 4500 m/sec (Karbonoberfläche) auf 5500 m/sec (Endteufe) unabhängig von Gesteinsunterschieden. Bei den Temperaturmessungen wurde ein Verfahren angewandt, das die Bestimmung der wahren Gebirgstemperatur ermöglichte. Sie betrug in den Endteufen 200°C. Die Gesamtresultate der Bohrung sollen nach dem oben erwähnten Symposium in „Fortschritte in der Geologie von Rheinland und Westfalen" veröffentlicht werden. H. HAVEMANN

RYÛCHI SUGISAKI, T. YOSHIMOTO, K. KATÔ & T. SUGIURA

Geochemical study of the Southern Kantô gas producing region

(Japanisch m. engl. Zus.)

„The Journal of the Geological Society of Japan", LXIX (1963), Nr. 809, S. 67—81, 9 Abb., 8 Tab.

Die Lagerstätten befinden sich in der Kazusa-Gruppe (Oberpliozän). Proben aus 18 Sonden wurden untersucht. Ergebnisse: Helium entstammt dem radioaktiven Zerfall, fast das gesamte Argon aber der atmosphärischen Luft, auch Stickstoff ist atmosphärischer Herkunft. Stickstoff kann durch Denitrifikation im Boden um 30% angereichert werden, er wird biochemisch nicht verändert. Methan entsteht biochemisch, auch Wasserstoff und Äthan werden in Spurenbeträgen biologisch gebildet. CH_4 migriert aufwärts mit N_2 und Ar. Dieser Mechanismus beeinflußt aber nicht das Verhältnis N_2/Ar im Wasser. Wegen der Bildungsbedingungen (Sumpfgas) sind die Erdgase trocken, sie haben keine Beziehung zu Öllagerstätten. Die Wässer hoher Salinität werden als fossiles Seewasser angesehen mit Jodgehalten aus dem Zerfall organischen Materials, verändert durch Basenaustausch im Gestein. MEINHOLD

DEGALLIER, R.

Hydrogéologie du Ferlo Septentrional (Sénégal)

„Mémoires du Bureau de Recherches Géologiques et Minières", Nr. 19, Paris 1962

Das vom Autor behandelte nördliche Ferlo-Gebiet ist etwa 30000 km² groß und stellt ein Plateau von durchschnittlich 40 m + NN dar, das nach Osten zu allmählich bis zu 100 m Höhe ansteigt. Es wird im Osten und Norden vom Senegalfluß, im Westen vom Guiers-See und dem Meridian von Dahra sowie im Süden vom 15. Breitengrad begrenzt. In der Regenzeit wird das Plateau von nomadisierenden Peuls (Fulbes) mit ihren Rinderherden aufgesucht, die sie in der Trockenzeit auf die Weiden an den Ufern des Senegal, deren Grundwasser vorwiegend von dem Fluß selbst gespeist wird, und an die wenigen permanenten Quellen und Brunnen der Ferlo-Niederung zurücktreiben. Das Grundwasser wird im Ferlo-Gebiet in erster Linie vom Senegal und seinen Nebenflüssen, von dem brackwasserführenden See von Guiers und nur in geringem Ausmaß durch Regenwasser gespeist.

Die Seltenheit von Aufschlüssen in dem erkundeten Gebiet erfordert eine Untersuchung des etwa 50—100 m tief liegenden Grundwassers mit anderen Methoden als der geologischen Oberflächenkartierung; daher sind Brunnenschächte, Bohrungen und geophysikalische Messungen die wichtigsten hydrogeologischen Hilfsmittel. Erkundet wurden die teils saisonbedingten oberen Grundwasser, während das gespannte Grundwasser des Maastrichtien von dem Autor nicht behandelt wird. Die ausgewerteten Brunnen stehen mit ihren Sohlen in Horizonten des Quartärs, toniger Sandsteine des kontinentalen Tertiärs, eozäner Kalksteine und Mergel mit schwarzen Kieseln. Ein E—W-Profil von Matam nach Kelle gibt Laterite und Quartärsande, weiße Tone des „Continental terminal", also der jüngsten postquartären kontinentalen Schichten, tonige bunte Sandsteine des „Continental terminal", Nummuliten-Kalke, Kalke und Mergel mit schwarzen Kieseln, Mergel und sandige Mergel, paleozäne Kalke, Sande des Maastrichtien und den kristallinen bez. präkambrischen Sockel an.

Dem Werk ist eine hydrogeologische Karte 1:500000 des nördlichen Ferlo-Gebiets beigegeben, auf der Fundorte, Ergiebigkeit und Beschaffenheit der bisher bekannt gewordenen Quellen und Brunnen eingetragen sind. 240 Brunnen sind auf 18 Umschlagtafeln tabellenartig registriert. Derartige tabellarische Zusammenstellungen sollen die Grundlage zu einem Katalog der Wasserfundpunkte mit genauer Ortsbezeichnung, geographischer Lage, Angaben über Temperatur, Ergiebigkeit und ihre saisonbedingten Schwankungen, Teufe und chemische Zusammensetzung sein. Weitere fünf Umschlagtafeln enthalten Diagramme chemischer Wasseranalysen, von denen im ganzen 220 hergestellt wurden. Auf drei Tafeln sind zahlreiche Säulenprofile der Brunnen der einzelnen Regionen zusammengestellt.

Außer dem Literaturverzeichnis (29 Veröffentlichungen von 1921 bis 1957) ist auf den Seiten 41—44 eine Inhaltsangabe der 25 Bulletins wiedergegeben, die seit 1938 vom Service de Géologie et de la Prospection Minière herausgegeben worden sind. Auf diese bemerkenswerte Zusammenstellung der zum Teil vergriffenen Hefte, die vorwiegend Themen aus Westafrika (Senegal, Elfenbeinküste, Dahomey, Togo, Volta, Niger, Mali usw.), aus Mauretanien und der Sahara behandeln, sei ganz besonders hingewiesen. E. LANGE

ÉLOUARD, P.

Étude géologique et hydrogéologique des formations sédimentaires du Guebla Mauretanien et de la Vallée du Sénegal

„Mémoires du Bureau de Recherches Géologiques et Minières", Nr. 7, Éditions Technip, Paris 1962, 274 S., 31 Abb., 28 Kart. u. Tab., 8 Taf., fr 30,00

Guebla ist der Südteil von Mauretanien am Unterlauf des Senegal. Einleitend werden die Geographie, das Klima, die Vegetation und mit einiger Ausführlichkeit die Hydrographie des Gebiets beschrieben, das geologisch ein Kreide-Tertiär-Becken auf dem Präkambrium darstellt. Ein wesentlicher Teil der Untersuchungen ist die petrographische Aufnahme der Gesteine. Die Tone (marine Blättertone des Untereozäns, gelbe kontinentale Tone) wurden mit DTA und Röntgenanalyse untersucht und die chemische (Attapulgit-Montmorillonit-) von der detritischen (Kaolinit-) Sedimentation unterschieden, darauf wurde versucht, den Bewegungsablauf zu interpretieren. Charakteristisch ist ferner eine Reihe von silifizierten Gesteinen (Chert), die aus Kalken, Dolomiten und Sandsteinen hervorgegangen ist. Die Silifizierung war ein häufiger und schneller, epigenetischer Prozeß, zu erklären mit besonderen klimatischen Bedingungen. Auch die Sandsteine werden nach Mineralogie, Granulometrie, Bindemittel untersucht und in das paläogeographische Bild eingeordnet, ebenso wie die Kalke und Dolomite.

Die petrographischen Untersuchungen sind mit die Grundlage für die stratigraphische Bearbeitung des Gebiets. Bearbeitet wird das Eozän und das darüberliegende Continental terminal an Hand einer großen Anzahl von Aufschlüssen. Die Oberflächenaufschlüsse des Eozäns gehören hauptsächlich dem Lutétien an, das auf große Strecken über Präkambrium transgrediert. Das Continental terminal ist Post-Lutétien, fossilfrei, kontinental und umfaßt vermutlich die Periode vom Oligozän bis Pliozän. Das Quartär erfährt eine gesonderte Behandlung. Das erhaltene Bild wird mit den Angaben verglichen, die aus den wenigen Bohrungen und aus seismischen und elektrischen Messungen resultierten. Danach ist das Becken ein ziemlich schmaler litoraler Graben mit 2000 m Sedimenten und einer Antiklinalzone, in der das Lutétien nur 25 m tief liegt.

Die Ergebnisse werden in einem allgemeinen Bild der geologischen Entwicklung zusammengefaßt, welche mit der Transgression des Maastrichts über Präkambrium begann, die grobes Material hinterließ. Nach einer Periode der Ruhe mit chemischer Sedimentation folgte eine weitergreifende Transgression im Lutét. Die Eozänablagerungen sind Zeugnisse eines tropischen Klimas, das nach und nach arid wird.

Der zweite Teil der Arbeit behandelt die Hydrogeologie. Das jetzige Klima ist mit 150 bis 400 mm Niederschlägen im Jahr ziemlich arid, dazu liegt die Temperatur während 4 Monaten über 40°C. Salzwassereinfluß im Untergrund macht sich auf 25 bis 150 km von der Küste bemerkbar. Die Wasserführung ist daher begrenzt, Wasserspeicher sind im alluvialen Stockwerk und im Continental terminal. Mittels einer größeren Anzahl von Wasseranalysen konnte eine Salzgehaltskarte gezeichnet werden.

Der dritte Teil der Arbeit ist der Paläontologie gewidmet. 2 neue Arten der Familien Nuculidae und Arcidae werden beschrieben, ferner die typischen Fossilien des Eozäns von Mauretanien. Die dazugehörigen Tafeln sind technisch einwandfrei.

Die Arbeit zeichnet sich aus durch klare Gliederung, übersichtliche Darstellung, scharfe Trennung zwischen Beobachtung und Interpretation, letztere durch die notwendige Sachlichkeit und kritische Verarbeitung der Beobachtungen.

R. Meinhold

Messerschmidt, D. G.

Forschungsreise durch Sibirien 1720–1727, Teil I, (1721–1722)

„Akademie-Verlag", Berlin 1963, 379 S., 2 Abb., 2 Kunstdrucktaf. u. 1 Karte, Ln., 58,— DM

Die Herausgeber E. Winter und N. A. Figurowskij und der Akademie-Verlag haben sich mit der Veröffentlichung dieses Werkes das große Verdienst erworben, mit der gründlichen wissenschaftlichen Auswertung der einmaligen Sammlung von D. G. Messerschmidt und mit der abschließenden Ehrung des universellen Wissenschaftlers den Anfang gemacht zu haben.

Von 1721—1727 reiste dieser außerordentliche Mensch und leidenschaftliche Forscher im Auftrag des Zaren Peter I. durch die entlegensten Gegenden Sibiriens. Er führte ein wissenschaftliches Tagebuch über alle Beobachtungen der Natur, der Sprache und der Bevölkerung, das nicht seinesgleichen in der Welt hat. Auf der Grundlage dieser Aufzeichnungen und auf dem Fundament des überaus reichen Schatzes seiner Sammlung konnten viele Zweige der damals jungen russischen Akademie der Wissenschaften ihren Aufbau beginnen.

Tragisch war das Schicksal des Mannes, der verarmt, verbittert und zurückgezogen 1735 gestorben ist, und abenteuerlich das seiner Sammlung, die seit 1931 hauptsächlich im Archiv der Akademie der Wissenschaften zu Leningrad einen vorläufigen Platz gefunden hat. Doch haben die Reichhaltigkeit des Materials und seine Vielfältigkeit bisher einer systematischen Auswertung widerstanden.

Die Tagebuchaufzeichnungen Messerschmidts, deren 1. Teil nun in diesem Buch gedruckt vorliegt, sind eine eminent wichtige Fundgrube für Botaniker, Zoologen, Völkerkundler und Gesellschaftswissenschaftler, aber auch für Geologen und Mineralogen; dies insbesondere durch die vielen exakten Hinweise auf Erdwachs, Erze, Tone, Kristalle, Kohlen, Erden, bituminöse Schiefer, Bernstein, Edelsteine, Salze, Marmore und Heilquellen.

Auf Grund dieser Beobachtungen und in Kenntnis dieser Aufzeichnungen konnte mit den Arbeiten seines Landsmannes, des Berliner Geologen Pallas, 50 Jahre später die exakte geologische Untersuchung dieser Gebiete begonnen werden.

So vermittelt dieses großartige Werk dem Leser den Reiz, an einer der Quellen der modernen Naturwissenschaft zu stehen, aus der nach vielen Jahrzehnten des Fastvergessenseins zu schöpfen, nicht nur eine Freude, sondern eine Notwendigkeit ist.

K. Kauter

Trachow, A. G. u. a.

Handbuch der Geophysik, Band 3, Elektrik

„Gostoptechisdat", Moskau 1963, 582 S., 375 Abb., 482 Lit.

Das Ziel der Autoren war es, nach Möglichkeit den gegenwärtigen Stand und bis zu einem gewissen Grad die Perspektiven der Elektrik in ihrer Gesamtheit zu umreißen. Im vorliegenden Band werden theoretische Grundlagen, Fragen der Apparatur, der Meßmethodik, der Bearbeitung und Interpretation von Meßergebnissen, die durch verschiedene Modifikationen der Elektrik erhalten werden, dargelegt.

Das Handbuch ist nach folgenden Gesichtspunkten untergliedert:

1. Teil: Natürliche Felder

Es werden die Eigenpotentialmethode, die Erdstrommethode, die magnetotellurische Kartierung und die magnetotellurische Tiefensondierung behandelt. Die Methoden werden charakterisiert, ihre theoretischen Voraussetzungen erläutert und die Methodik der Messungen und der Interpretation dargelegt. (Diese Gliederung wird auch in den folgenden Teilen beibehalten.)

2. Teil: Stationäre elektrische Felder

Man geht besonders auf die Widerstandskartierung, auf die elektrische Tiefensondierung, auf die Seeseismik, auf das Äquipotentiallinienverfahren ein.

3. Teil: Niederfrequente und variable Felder

Es werden Fragen der Prospektion auf Erz, das Potentialquotientenverfahren, die Aeroelektrik, die Methode der induzierten Polarisation und das Dipolinduktionsverfahren behandelt.

4. Teil: Hochfrequente Felder

Ausführlich wird das Kippwinkelverfahren dargelegt. Alle anderen auf hochfrequenten Feldern basierenden Methoden werden äußerst knapp behandelt.

5. Teil: In recht breitem Umfang werden die geologischen Anwendungsmöglichkeiten der Elektrik bei der Kartierung, der Suche nach Öl und Gas, Steinkohle, Erzen, Salz, Schiefer und Baumaterialien und bei der Lösung von Aufgaben der Ingenieurgeologie und der Hydrogeologie dargelegt.

Fragen, die mit der Erkundung tieferer Schichten der Erdrinde verbunden sind, werden getrennt in einer Beilage behandelt, desgleichen Probleme der Sucharbeiten und der Organisation bei verschiedenartiger Methodik und Sicherheitstechnik.

Die im vorliegenden Band in großer Anzahl gegebenen Literaturhinweise erleichtern ein tieferes Studium einzelner Probleme, da eine ausführlichere Bearbeitung über den Rahmen eines derartigen Handbuchs hinausging.

K. Bendzko

Breddin, H. & E. Hellermann

Petrogene Mineralgänge im Paläozoikum der Nordeifel und ihre Beziehungen zur inneren Deformation der Gesteine

„Forsch.-Ber. Nordrhein-Westfalen", Nr. 1202, Westdeutscher Verl., Köln und Opladen 1963, S. 1—42, 13 Abb.

In einer kurzen, aber überzeugenden Studie werden die Zusammenhänge zwischen dem Chemismus und dem Deformationsgrad paläozoischer Sedimente der Nordeifel und dem Auftreten und dem Chemismus der in diesen ausgebildeten mm- bis max. dm-mächtigen Mineralgängen behandelt. So wird festgestellt, daß ihr Chemismus (Quarz, Kalzit oder Ankerit) stets dem Chemismus des Nebengesteins (Quarzit, Kalke, ankerithaltige Sandsteine) entspricht. Die Häufigkeit der Mineralgänge in den einzelnen Schichtgliedern steht in direkter Abhängigkeit zur Schieferungsintensität der Sedimente. Aus den gewonnenen Daten kann abgeleitet werden, daß die Kluftöffnung und -füllung eng mit der Deformation der Sedimente zusammenhängt und daß die Substanz der Mineralgänge ausschließlich aus dem Nebengestein stammt. Die Art des Auftretens der Mineralgänge läßt auf die Art der Gesteinsumformung schließen.

G. Tischendorf

Buchwald, E.

Einführung in die Kristalloptik

„Sammlung Goeschen", Band 619/619a, 5. verb. Aufl., Walter de Gruyter & Co., Berlin 1963, 117 Fig., 5,80 DM

Mit dem Goeschenbändchen „Einführung in die Kristalloptik" von Prof. Dr. E. Buchwald hat der Verlag de Gruyter nun die 5. Auflage dieses Bändchens, das bereits als kleines, handliches Lehrbuch gelten darf, herausgegeben.

Verf. versteht es, den Lesern das komplizierte Gebiet der Kristalloptik in anschaulicher Weise ohne mathematisches Beiwerk zu erschließen, was sicher viele Naturwissenschaftler dankbar vermerken werden. Der Band enthält vier Teile: Im ersten Teil „Doppelbrechung und Polarisation" werden u. a. Strahlenfläche und Fresnelsches Ellipsoid, Fletschers Indikatrix und die konischen Refraktionen besprochen.

Teil zwei beschäftigt sich mit den Interferenzerscheinungen im polarisierten Licht. Parallele und gekreuzte Nicols, Gangunterschied und Interferenzfarben sowie das Verhalten ein- und zweiachsiger Kristalle werden behandelt.

Teil drei ist den drehenden und absorbierenden Kristallen gewidmet.

Der letzte Teil befaßt sich mit den Grundzügen der Gitteroptik des sichtbaren Lichts und vergleicht die Leistungsfähigkeit dieses relativ jungen Gebiets mit der der klassischen Optik.

Die knappen Literaturhinweise auf die wesentlichsten Werke werden in angenehmer Weise durch Zitate der Originalarbeiten (bzw. deren deutsche Übersetzungen) zu den wichtigsten Erkenntnissen und Entdeckungen der Kristalloptik ergänzt. K. Steinike

Weiss, W. J., W. L. Hall & R. H. Graves

Das Standfestmachen von Tonsteinabschnitten, die der Einwirkung der Bohrspülung lange ausgesetzt sind

„World Oil" (1960), H. 4, S. 154–173

Bei zunehmenden Teufen hat die Bohrspülung die Aufgabe, unverrohrte Bohrlochabschnitte zu stabilisieren. Mangelnde Standfestigkeit des Gebirges hängt zumeist mit Tonsteinen zusammen, wo durch Wasser- und Spülungskontakt eine spontane Selbstdispersion eintritt. Es sind zwei Arten des Tonzerfalls zu beobachten, nämlich eine physikalische Veränderung von Form und Volumen durch Anschwellen und Aufsaugen von Wasser, und zum anderen ein spontaner Zerfall ohne nennenswerte Volumenänderung, hier „Selbstdispersion" genannt.

Durch hohe Elektrolytkonzentration und basische Spülungen mit hohem pH-Wert konnten diese drückenden Tone nur ungenügend durchteuft werden. Die angenähert beste Lösung des Problems der Standfestmachung von Tonsteinen stellt die Silikatspülung dar. Es entsteht eine äußere Verfestigung, die nicht nur Tonteile stabilisiert, sondern auch eine mechanische Festigkeit erlangt.

Ein neues Spülungssystem mit einem hohen Kalziumpegel im Filtrat und kontrollierter Alkalitätsumgebung gewährleistet eine progressive Verfestigung, die auch gegen spätere Süßwassereinwirkungen resistent bleibt. Eine kontrollierte Koagulation des Spülungssystems wird durch eine gesteuerte Zugabe von Chemikalien, die die Dispersion beeinflussen, erreicht. Der Zustand der kontrollierten Koagulation wird diskutiert und der Einfluß der dispergierenden und der koagulierenden Umgebungen auf die Spülungseigenschaften und das Verhalten der Spülung gegen „spülungsbildende" Tone illustriert. Spülungssysteme, die im Einsatz waren bzw. noch sind, werden verglichen. B. Heyne

H. Schwarz

Untersuchungen über die Durchlässigkeit von Ringraumzementationen

„Bergbauwissenschaften", 10. Jg., 1963, H. 11/12, S. 268 bis 278

Die Qualität einer Ringraumzementation ist abhängig von der Dichte des Zementsteines selbst sowie von der Haftfestigkeit und Abdichtung der Grenzflächen Zementstein/Verrohrung und Zementstein/Gebirge. Durch Untersuchungen wird bewiesen, daß erhärteter Zementstein bei einem Wasserzementfaktor von 0,4 praktisch undurchlässig ist. Untersucht werden die Einflüsse verschiedener Faktoren auf die Durchlässigkeit der Haftfläche Zement/Verrohrung. Die durchgeführten Laboratoriumsversuche zeigen eine deutliche Abhängigkeit der Durchlässigkeit von verschiedenen Versuchsbedingungen. Verwendet werden Prüfkörper von Portland- und Tiefbohrzement I und II mit einer Länge von 80 mm. Dabei zeigt sich keine Abhängigkeit der Ergebnisse von der Länge und dem Durchmesser der Prüfkörper. Wesentlich beeinflußt wird die Durchlässigkeit von der Benetzbarkeit der Haftflächen. Probekörper, deren Rohre mit einem Spülungsfilm überzogen sind, weisen gegenüber gereinigten Rohren eine 160mal größere Durchlässigkeit auf. Ebenso steigt die Durchlässigkeit mit der Erhöhung des Wasserzementfaktors, besonders wenn dieser größer wird als 0,5. Eine deutliche Abhängigkeit zeigt sich bei der Lagerungszeit. Mit zunehmendem Alter, bei erhöhten Temperatur- und Druckbedingungen erfolgt eine schnellere Hydratation des Zementes, welche sich in einer stärkeren Haftung auswirkt. Bei Temperaturen über 120 °C, die einen Festigkeitsrückgang und eine Verminderung der Haftfestigkeiten bewirken, nimmt auch die Permeabilität sprunghaft zu. Durch Zusatz von Bentonit kann die Durchlässigkeit der Haftflächen bis ca. 130 °C verringert werden. Quarzmehl übt dagegen einen günstigen Einfluß bei hohen Temperaturen von 200 °C aus. Die Untersuchungen zeigen, daß die Beschaffenheit der Haftflächen den größten Einfluß auf die Durchlässigkeit hat. Spülungsfilterkuchen verhindern eine Haftung des Zementes fast vollständig. Es ist unbedingt notwendig, in der Praxis Kratzer und chemische Waschlösungen einzusetzen, um die geforderte Qualität bei Ringraumzementationen zu erhalten.

Zahlreiche Diagramme veranschaulichen die durchgeführten Versuche. K. Schulze

Richter, D.

Die δ-Achsen und ihre räumlich-geometrischen Beziehungen zu Faltenbau und Schiefrigkeit

Forsch.-Ber. Nordrhein-Westfalen, 1198, 52 S., 15 Abb., 10 Fig., Westdeutscher Verlag, Köln und Opladen 1963

Seitdem die Bedeutung der kleintektonischen Arbeitsweise für die Strukturanalyse größerer Gebiete erkannt wurde, spielt auch die sogenannte δ-Achse, d. h. die Schnittkante zwischen Schichtung und Schiefrigkeit, eine wesentliche Rolle. Ausgehend von der Tatsache, daß die Schiefrigkeit den Achsenflächen der Großfalten häufig parallel läuft, benutzte man dieses Lineargefüge, um deren Streichrichtung zu ermitteln. In letzter Zeit häuften sich jedoch Beispiele dafür, daß dieses insbesondere in schlecht aufgeschlossenen Gebieten willkommene Hilfsmittel insofern versagt, als das Schiefrigkeitsstreichen oft nicht unbeträchtliche Abweichungen von dem der Faltenachsenflächen aufweist und somit δ- und B-Achse nicht zusammenfallen. Verf. führt hierfür Beispiele aus dem Rheinischen Schiefergebirge, den Ardennen sowie dem Fichtelgebirge und E. Schröder in einem kurzen Beitrag zur vorliegenden Arbeit solche aus Thüringen an. Stets erfolgte hier die Schieferung etwas später als die eigentliche Faltenbildung, der Beanspruchungsplan war richtungsmäßig nicht mehr genau derselbe und δ dementsprechend nicht mehr parallel dem B-Linear. Eine Gleichsetzung von δ mit B ist also nur dort möglich, wo die Schiefrigkeit nachweislich konstant das gleiche Streichen wie die Faltenachsenfläche aufweist. Weiterhin ist zu beachten, daß bestimmte („selektive") Mikrofältelungen, die Ergebnis des Schieferungsprozesses, d. h. der „inneren Deformation" des Gesteinsverbandes, sind, aus den genannten Gründen nicht mit den „normalen" Kleinfalten verwechselt werden dürfen, da ihre Achsen stets δ entsprechen und deshalb ebenfalls beträchtlich vom Streichen des Großfaltenbaues abweichen können.

D. Richter behandelt das gesamte Problem sehr eingehend. Neben allgemeineren Ausführungen werden u. a. die Beziehungen der δ-Achsen zu Schiefrigkeit und Faltenbau, zu wellenartigen Verformungen wie Striemen, Runzeln, Rippeln und Wülsten sowie zu den Streckrichtungen tektonisch deformierter Fossilien aufgezeigt. Es werden methodische Hinweise, wie die Bestimmung von δ mit Hilfe des Wulffschen Netzes, gegeben. Nicht unerwähnt darf auch die reichliche Ausstattung der Arbeit mit guten Abbildungen bleiben. D. Franke

Furtak, H.

Die „Brechung" der Schiefrigkeit

Forsch.-Ber. Nordrhein-Westfalen, 1200, 32 S., 17 Abb., Westdeutscher Verl., Köln und Opladen 1963

Brechungen oder sigmoidale Verbiegungen der Schiefrigkeitsflächen beim Übergang von inkompetentem (tonigem) in kompetenteres (quarz- oder kalkreicheres) Material sind schon seit langem bekannt und aus zahlreichen Gebieten insbesondere des deutschen Varistikums immer wieder erwähnt worden. Meist begnügte man sich jedoch lediglich mit einer kurzen Beschreibung des Befundes, ohne eine nähere genetische Deutung zu versuchen. Es ist deshalb zu begrüßen, wenn H. FURTAK das Schwergewicht seiner Arbeit gerade auf die Klärung der Entstehungsweise dieser, weil oft beobachteten, in der Regel wenig beachteten Erscheinungsformen legte.

An Hand eingehender theoretisch-mathematischer Überlegungen sowie praktischer Beispiele aus dem ardennisch-rheinischen Schiefergebirge wird nachgewiesen, daß die Brechung der Schiefrigkeit eine Folgeerscheinung der während des tektonischen Deformationsvorgangs bei verschiedener lithologischer Ausbildung eines Gesteinskomplexes zwangsläufig auftretenden Unterschiede in der Verformung der einzelnen kompetenten und inkompetenten Schichten ist. Je größer die Differenzen im Quarz- oder Kalkgehalt der jeweiligen Bänke sind, desto mehr schwankt auch der Grad ihrer Deformierbarkeit und damit im Zusammenhang der Brechungswinkel der Schiefrigkeit. Treten die lithologischen Änderungen unvermittelt ein, sind die Brechungswinkel meist scharf, kommen dagegen allmähliche Übergänge vor, werden sie oft durch sigmoidale Verbiegungen vertreten. Bei stärkerer Deformation — Verf. führt ein Beispiel aus dem Siegen der Nordeifel an — kann eine Brechung der Schiefrigkeitsflächen zwischen kompetenten und inkompetenten Schichtgliedern sogar ganz unterbleiben.

Zahlreiche schematische Skizzen und Fotografien tragen viel zum besseren Verstehen der hier angeschnittenen Probleme bei. D. FRANKE

KUHN, O.

Die Tierwelt des Solnhofener Schiefers

A. Ziemsen-Verlag, Lutherstadt Wittenberg 1963, 36 Textseiten, 115 Abb., 8.— DM

Der Ziemsen-Verlag legt mit dieser Nummer seiner „Neuen Brehm-Bücherei" eine weitere Arbeit sehr eindrucksvoller, populärwissenschaftlicher Art von Prof. Dr. OSKAR KUHN, München, vor. Wie in den bisher veröffentlichten Bändchen besticht der Text durch seine knappe und verständliche Form. Die Zeichnungen und Abbildungen sind hervorragend geeignet, Wissenschaftlern und Liebhabern den Zustand des damaligen Lebens zu verdeutlichen und die ungeheure Vielseitigkeit des Tierlebens in jener Zeit anschaulich zu machen.

K. KAUTER

Neuerscheinungen und Literaturhinweise

BELEWZEW, J. N., G. V. TACHTUEW & B. J. GOROSCHNIKOW
Die Grubengeologie in Eisenerzlagerstätten
Gosgeoltechisdat, Moskau 1962, 233 S.

BUGGE, A.
Norges molybdenforekomster
Norges geologiske undersoekelse, Oslo 1963, 134 S.

CAMEZ, T.
Etudes sur l'évolution des mineraux argileux dans les sols des régions temperées
Mémoires du Service de la carte géologique d'Alsace et de Lorraine (1962) 90 S.

GINSBURG, I. I.
Grundlagen und Verfahren geochemischer Sucharbeiten auf Lagerstätten der Buntmetalle und seltenen Metalle
Akademie-Verlag, Berlin 1963, 339 S.

HEYL, A. V. & C. N. BOZION
Oxidized zinc deposits of the United States
Geol. Surv. Bull. 1133-A, Washington 1962, 52 S.

JANICKIJ, A. L. & O. P. SERGEJEW
Die Eisenerzlagerstätten von Bakal und ihre Genese
Verl. AN SSSR, Moskau 1962, 110 S.

MARGAT, J.
Les eaux salées au Maroc. Hydrogéologie et hydrochimie
Notes et mémoires du Service Géologique, 151 (1961) 137 S.

Nachrichten und Informationen

Erdöl/Erdgas

Länder erfolgreicher Erdöl/Erdgas-Suche

Ein Weltüberblick über die Erfolge, die in den hinsichtlich Erdöl und Erdgas begünstigten Ländern in den letzten Jahren bei der Erkundung erzielt wurden, ist für die Beobachtung der Entwicklung immer von neuem von Interesse. Der keiner einzelnen Ölgesellschaft verpflichtete, bekannte Erdölgeologe L. G. WEEKS gab einen solchen Überblick auf dem 6. Welterdölkongreß in Frankfurt (Main) und fügte damit seinen früheren Überblicken dieser Art einen neuen hinzu.

Bemerkenswert ist zunächst, daß in einer Reihe von Ländern (Sowjetunion, Frankreich, Niederlande, Italien, Österreich, ČSSR, Jugoslawien, Algerien, Nigeria, Pakistan, Neuseeland, Japan, Alaska, Kanada, Peru, Chile) der Umfang der Erdgasfunde weit größer war als der der Erdölfunde. Die sicheren Erdgasvorräte der Welt schätzt WEEKS nunmehr auf 21 Bill. m³. Sie kommen ihrem Heizwert nach, der 17 Mrd. t Erdöl entspricht, etwa 40% der sicheren Erdölvorräte gleich.

In der Sowjetunion steht sowohl in der Neuerkundung wie in der heutigen Produktion von Erdöl das Wolga-Ural-Gebiet weit im Vordergrund. Es liefert jetzt 71% der sowjetischen Gesamtproduktion. Bekannt sind die schnellen Fortschritte in Libyen. Bohrungen, welche die eozänen, paläozänen und kretazischen Kalksteinschichten durchteuften, führten hier zu Tagesförderungen von 300 bis 2400 t. In Algerien waren besonders die Bohrungen im Polignac-Becken erfolgreich. In dem Feld Zarzaitine allein wurde ein Vorrat von 90 Mill. t Öl festgestellt. In Iran, wo drei Bohrungen im Alborzfeld täglich etwa 10000 t Öl liefern, wurden bei Saradjeh, 40 km südlich von Alborz, ein reiches Destillatfeld und in Südiran drei weitere Felder erschlossen. Hinzu kommen die ergiebigen submarinen Felder Darius und Cyrus. In Kuweit wurde 1962 das Feld Umu Gudair mit geschätzten Vorräten von 500 Mill. t erschlossen. In Abu Dhabi wird von dem neuentdeckten Murbanfeld ab 1964 eine Jahresproduktion von 6 Mill. t erwartet. In Australien wurde nach dem 1961 gefundenen Ölfeld Moonie (mit 7 Mill. t Vorrat) 1962 das Feld Sunnybank erschlossen, das 90 t täglich produziert.

Während in Venezuela die Bohrtätigkeit stark zurückging, wurde in Peru durch die Bohrung Agnaytia ein Feld mit etwa 7 Mill. t Kondensat und 50 Mrd. m³ Gas entdeckt. Argentinien konnte durch neue Öl- und Gasfunde in wenigen Jahren die volle Selbstversorgung erreichen. In Kanada, wo in den nördlichen Festlandsgebieten und auch auf den arktischen Inseln große Erdölfunde gemacht wurden, kam in jüngster Zeit die Entdeckung weiterer bedeutender Vorkommen (in den Trias-Sanden) hinzu.

Schließlich hebt WEEKS in seinem Überblick, aus dem hier nur die bemerkenswertesten Einzelheiten herausgegriffen seien, die Erfolge der Bohrungen auf submarine Lagerstätten hervor, an deren Erschließung sich jetzt bereits 56 Länder beteiligen. An den Küsten mehrerer Länder, so Louisiana an der Golfküste der USA, übertreffen die submarinen Neuentdeckungen bei weitem die auf dem Festland. —Ha—

Die Erdölförderung Westeuropas 1950—1962

In Westeuropa ist die Erdölförderung von 1950 bis 1962 von 4 Mill. t auf 18 Mill. t angestiegen. Die Erdgasförderung stieg von 1,3 auf 17 Mrd. m³. Dem Heizwert nach entspricht die gesamte Erdgasförderung etwa der an Erdöl. Die „Basler Nachrichten" vom 21. 8. 1963 geben folgenden Gesamtüberblick über die Erdölförderung (in 1000 t):

	1950	1956	1961	1962	Index für 1962 (1950 = 100)
Westdeutschland	1110	3506	6204	6776	611
Österreich	1699	3426	2356	2394	142
Frankreich	300	1261	2164	2371	788
Niederlande	710	1094	2046	2153	303
Italien	9	567	1972	1800	–
Jugoslawien	111	293	1342	1550	1400
Türkei	17	296	414	500	–
Großbritannien	46	67	108	111	241
Insgesamt	4002	10510	16606	17655	441

Die Zahlen für 1962 sind z. T. Schätzungen.

—Ha—

Abnehmende Bohrtätigkeit in den USA

Bei der Erkundungsbohrtätigkeit wurden 1962 in den USA mit 10797 Bohrungen 16,3 Mill. Bohrmeter niedergebracht, gegenüber 10992 Bohrungen mit 16,6 Mill. Bohrmetern im Vorjahr. 1982 Bohrungen (18,36% der Gesamtzahl) waren fündig, und zwar 1211 auf Erdöl, 542 auf Erdgas und 229 auf Kondensat. Die durchschnittliche Teufe erhöhte sich mit 1515 m etwas gegenüber dem Vorjahr (1509 m). In neuen Feldern wurden von 6794 Bohrungen (im Vorjahr 6909) mit 10,6 Mill. Bohrmetern 787 fündig (470 auf Öl, 227 auf Gas, 90 auf Kondensat). Funde von großer Bedeutung wurden nicht gemacht. —Ha—

Die Erdöl- und Erzvorräte von Mangyschlak

Auf der infolge ihres heißen Wüstenklimas schwer zugänglichen Halbinsel Mangyschlak (Kaspisches Meer) wurde 1960 erstmalig Erdöl erbohrt. Inzwischen sind mehrere große Vorkommen entdeckt worden, so bei Shetybai und Usenj. Nach neuen Schätzungen betragen die Vorräte allein dieser beiden Vorkommen ein Mehrfaches der Vorräte der Apscheron-Halbinsel („Prawda" vom 14. 6. 1963). Auch die Erdgasvorräte sollen sehr bedeutend sein. Die Erkundungen sind jedoch noch im Gange. Für 1963 wurde ein Bohrprogramm von insgesamt 90000 Bohrmetern aufgestellt, dessen Durchführung aber noch nicht gesichert ist. An 38 erdölführenden Strukturen sollen in der nächsten Zeit geophysikalische Untersuchungen vorgenommen werden. Mit dem Bau einer neuen Stadt der Geologen und Erdölarbeiter wurde in der Bucht Jerlijewo begonnen.

Die Halbinsel Mangyschlak weist auch bedeutende Braunkohlen- und Eisenerzvorkommen auf. Die Eisenerze von Beskempir werden auf 200 Mill. t geschätzt. Die Lagerstätten von Shelesnaja Gorka, Dalnapa und Temirtan-Tschik sind noch nicht näher erforscht. Auch bedeutende Manganerzvorkommen sind vorhanden. -Ha-

Die zunehmende Erdölproduktion Libyens

In Libyen werden in schneller Folge neue Erdölvorkommen entdeckt und erschlossen. Wenn dieses Tempo anhält, dürfte schon 1965 eine Jahresproduktion von 50 Mill. t erreicht werden. 1963 wurden bereits 15 Mill. t gefördert. Von rd. 1000 Bohrungen, die in Libyen bis Mitte 1963 niedergebracht wurden, sind etwa 400 fündig geworden. Im Syrtebecken, wo die größten Erfolge erzielt wurden, sind allein im August 1963 über 2 Mill. t Erdöl gefördert worden. Die Vorräte Libyens werden jetzt auf 600 Mill. t geschätzt und nähern sich denen der Sahara, die auf 850 Mill. t angegeben werden. Da die libyschen Vorkommen nur etwa halb so tief liegen wie die der Sahara und der Weg bis zur Mittelmeerküste erheblich kürzer ist — die dritte Pipeline wird gegenwärtig verlegt —, findet das libysche Öl wachsendes Interesse. —Ha—

Produktionsaufnahme im Küstenvorlandfeld Manifa 1964 (Naher Osten)

Das Küstenvorlandfeld Manifa, das Anfang 1958 von der Arabian American Oil Co. entdeckt wurde, soll Anfang 1964 mit einer Förderkapazität von rd. 6,1 Mill. t/Jahr in Produktion genommen werden. Zum Abtransport des Rohöls (spez. Gewicht 0,876 bis 0,887) nach Ras Tanura soll eine Anschlußleitung zur 22"-Pipeline Khursaniyah—Ras Tanura verlegt werden. —s—

Produktionsaufnahme im Ölfeld Murban 1964 (Naher Osten)

Das Ölfeld Murban, wo 1953 erstmalig Ölanzeichen nachgewiesen wurden, wird voraussichtlich im Frühjahr 1964 mit einer Förderrate von 6 Mill. t/Jahr in Produktion genommen werden. Die Petroleum Development (Trucial Coast) Ltd., eine Tochtergesellschaft der Iraq Petroleum Co., hat im Feld Murban bisher fünf Förderbohrungen fertiggestellt. Man will nunmehr mit einem Kostenaufwand von — umgerechnet — 170 Mill. DM eine rd. 112 km lange Pipeline nach Djebel Dhanna verlegen sowie dort einen Ölhafen bauen. —s—

1,1 Bill. m³ Erdgas bei Groningen

Die Schätzungen der Erdgasvorräte in der holländischen Provinz Groningen steigen immer weiter an. Sogar die Schätzung auf 1 Bill. m^3, die vor wenigen Monaten noch phantastisch erschien, ist nunmehr überholt. Vom Präsidenten der niederländischen Ölgesellschaften wurde am 23. 10. 1963 eine Schätzung auf 1,1 Bill. m^3 mitgeteilt. Die auf 800 Mrd. m^3 geschätzten Vorräte der Sahara werden damit von den holländischen weit übertroffen. Bis zu einer diesem Umfang entsprechenden Ausbeutung, die u. a. die Verlegung neuer Pipelines, vor allem nach Westdeutschland, voraussetzt, dürften jedoch noch einige Jahre vergehen.

—Ha—

Intensive Erdölsuche in der Nordsee

Infolge der Erdgasfunde in den Niederlanden und der von Westdeutschland in den Jahren 1952 bis 1962 durchgeführten Messungen hat die geophysikalische Untersuchung im Bereich der Nordsee in den Sommermonaten 1963 einen bis vor wenigen Jahren unvorstellbaren Umfang angenommen. Von ihren in England, Frankreich, Holland, Westdeutschland und Dänemark gelegenen Stützpunkten aus ist eine Flotte von Meßschiffen an diesen Untersuchungen beteiligt. Die von westdeutscher Seite durchgeführten Voruntersuchungen ermöglichen, gleichzeitig vier seeseismische Untersuchungsgruppen einzusetzen. Sie bestehen aus einem Meßschiff, einem Sprengschiff und einem Sicherheitsboot („Brennstoff-Chemie", 9/1963). Das Arbeitspensum jeder Meßgruppe besteht aus monatlich 2200 Schußpunkten und etwa 1000 bis 1400 km Profilstrecke.

Gegenüber den früher üblichen, vor allem großräumig durchgeführten Messungen mit Profilabständen von mehreren Zehnerkilometern liegen jetzt die Profilabstände wesentlich dichter. Ende des Winters 1963/1964 werden nach Auswertung und Sichtung des Untersuchungsmaterials neue Erkenntnisse über den Aufbau der tieferen Schichten der Nordsee erwartet. —s—

Pipeline über die Alpen

Eine internationale Studiengruppe stellte die Grundzüge einer größeren alpenüberquerenden Rohöl-Fernleitung zwischen der nördlichen Adria und Süddeutschland auf. Zur Befriedigung des bis Ende des nächsten Jahrzehnts in Mitteleuropa auftretenden Bedarfs wäre eine Höchstkapazität der projektierten Leitung von 40 Mill. bis 50 Mill. jato notwendig („Brennstoff-Chemie", 9/1963). Für die von der nördlichen Adria-Küste durch die Alpen über Österreich nach Bayern verlaufende Pipeline sind noch verschiedene Routen zu prüfen. —s—

Sonstiges

Der Kohlenbergbau Indonesiens

Auf Grund der indonesischen Pläne zum Aufbau einer eigenen Grundstoffindustrie und zum Ausbau der Energiewirtschaft kommt der Entwicklung des Kohlenbergbaus besondere Bedeutung zu.

Die vor allem im westlichen Indonesien vorhandenen Kohlenvorkommen werden auf mehrere Mrd. t geschätzt. 80% der gegenwärtigen Steinkohlenförderung stammen aus dem Bukit-Asam-Bergwerk bei Tandjong-Enim (160 km von Palemberg in Südsumatra), wo z. Zt. jährlich rd. 480000 t Kohlen im Tagebau gefördert werden. Im Achtjahrplan ist vorgesehen, die Förderung auf jährlich

1,4 Mill. t zu steigern. In der Nähe der Bukit-Asam-Gruben ist in Mura Enim 1960 eine Verkokungsanlage errichtet worden, in der indonesische Kohle verkokt wird, so daß sie künftig auch für metallurgische Verarbeitungszwecke geeignet ist. Geringe Mengen hochwertiger und zum Teil verkokbarer Kohlen werden ferner in Zentralsumatra in der Ombilin-Grube unter Tage gewonnen. Hier ist eine Umstellung auf Tagebaubetrieb geplant. Die gegenwärtige Jahresförderung beträgt 90000 t, verglichen mit 600000 t vor dem Kriege. Für die Verkokung der Kohlen dieser Grube soll im Rahmen des Achtjahrplanes ebenfalls eine Verkokungsanlage errichtet werden. Die auf Borneo vorhandenen Kohlengruben sollen modernisiert und die Förderung erhöht werden. Gegenwärtig soll die Jahresförderung einer dieser Gruben von 60000 t auf 144000 t erhöht werden. Vorgesehen ist auch die Wiedereröffnung der Kohlenbergwerke am Mahakan-Fluß auf Borneo sowie der älteren Grube auf der Insel Pulo Laut, die der Südostküste Borneos vorgelagert ist. Dort wird eine jährliche Förderleistung von 500000 t angestrebt. —s—

Die Mangan-Gold-Silbererzlagerstätte Farellon Negro in Argentinien

Das in Farellon Negro im nordwestlichen Argentinien (Provinz Catamarca) liegende Erzvorkommen erstreckt sich auf 12 km Länge im Andesit. Der Ausbiß tritt überall deutlich hervor, an einer Stelle in Form einer ausgeprägten Geländestufe von über 50 m Höhe. Bei Schwankungen der Mächtigkeit von weniger als 0,1 m bis über 18 m wird die durchschnittliche Mächtigkeit auf 1,5 m geschätzt. Als Genese wird der Durchbruch eines Pyrit, Rhodonit, Manganspat und Quarz führenden Gold-Silberganges durch die Bruchzone im Andesit und eine zwei- oder dreimalige Wiederholung der hydrothermalen Vorgänge angenommen. Durch Verwitterungseinflüsse wurde das Mangan gelöst und mit anderen Manganoxyden als Pyrolusit ausgefällt. Zwischen der Oberfläche und dem Grundwasserspiegel zeigt der Mangangehalt ziemliche Übereinstimmung. Gold und Silber wurden gelöst und bei sinkendem Säuregehalt der Lösung in der Teufe in hoher Reinheit ausgefällt. Wahrscheinlich setzte sich dieser sekundäre Anreicherungsvorgang unterhalb des Grundwasserspiegels (in etwa 215 m Teufe) nicht fort. — Die Vorratsschätzung ist noch nicht abgeschlossen; es werden Gehalte von 5—13 g Au/t, 160 g Ag/t und 11—22% Mn angegeben. —s—

Die NE-Metalle Brasiliens

Außer seinen reichen Manganerzvorkommen, die auf rd. 100 Mill. t geschätzt werden, davon 80% in Amapa, besitzt Brasilien Vorkommen von Bauxit, Kupfer, Blei, Zinn, Zink und Nickel. Die auf mehrere Mill. t geschätzten Bauxitvorkommen liegen hauptsächlich im Staat Minas Gerais. Kupfererzlagerstätten gibt es in Rio Grande do Sul (etwa 200000 t), im Staate Bahia (10 Mill. t) und in drei anderen Staaten. Die Kupfergehalte sind jedoch nicht hoch. Große Bleierzvorkommen finden sich in Minas Gerais, Bahia und den Tälern des Ribeira-Flusses und des Sao-Francisco-Flusses (hier die Stadt Januaria als Bleizentrum). Die Bleierze enthalten auch Silber. Die Zinnerze von Sao Joano del Rei, die in feldspat- und quarzhaltigen Gesteinen und Schwemmland vorkommen und 79% Zinngehalt haben, verteilen sich über eine Fläche von 5000 km². Zinkerze von schätzungsweise 10 Mill. t kommen in Minas Gerais vor. Nickelerze, deren Vorräte 4—5 Mill. t betragen sollen, werden in Goiás und Minas Gerais abgebaut. — Ha —

Magnesiumproduktion im Aufstieg

Die Produktion von Magnesium, dessen spezifisches Gewicht noch geringer ist als das des Aluminiums, scheint der Produktion dieses Leichtmetalls in schnellem Aufstiegstempo nachfolgen zu wollen. In den USA ist die Magnesiumerzeugung 1962, begünstigt durch ein neues Reduktionsverfahren, gegenüber dem Vorjahr um etwa 70% gestiegen. An zweiter Stelle steht die Steigerung der sowjetischen Magnesiumerzeugung. In beiden Ländern werden erhebliche Mengen für die Raumfahrt benötigt. Auch in einer Reihe von anderen Ländern, darunter Japan, ist die Produktion gestiegen, so daß der Anstieg der Weltproduktion 1962 gegenüber dem Vorjahr auf 25%, gegenüber 1960 sogar auf 46% geschätzt wird. Westdeutschland jedoch, das mit 20000 t Verbrauch, besonders für die Autoindustrie, im Jahre 1962 als der größte Verbraucher der Welt genannt wird, erzeugt nur wenige hundert Tonnen. —Ha—

Die Weltproduktion von Kalidüngemitteln

Die Erzeugung der wichtigen Düngemittel Kaliumchlorid und Kaliumsulfat ist in den Hauptproduktionsländern, zu denen auch die DDR gehört, seit 1955 dauernd angestiegen. Nur in den USA ist sie seit 1960 zurückgegangen, wodurch die Weltproduktion nach dem Anstieg bis 1960 konstant geblieben ist. Die USA produzierten 1962 2,5 Mill. t K_2O. Kaliumsulfat ist u. a. besonders zur Düngung von Kartoffeln und für Böden mit hohem Salzgehalt geeignet, bei denen eine Zuführung von Chlor zu vermeiden ist. Kaliumchlorid wird besonders in granulierter Form verwandt. Etwa 30% des Weltverbrauchs an Düngemitteln werden durch Kalidüngemittel gedeckt. Auch die Welterzeugung von Phosphordüngemitteln ist von 1955 bis 1961 gestiegen, und zwar um 25%. Marokko ist nach den USA, die etwa 26% der Weltproduktion erzeugen, der größte Phosphatproduzent der Welt. Es strebt eine Steigerung seiner Phosphatexporte bis 1965 auf 14 Mill. t jährlich an. —Ha—

Der Bergbau in der VR China

Die bisherigen geologischen Arbeiten ergaben wesentlich größere Vorräte an nutzbaren Bodenschätzen, als ursprünglich angenommen wurde. Die Kohlenvorräte wurden früher auf $440 \cdot 10^9$ t, heute auf $1,5 \cdot 10^{12}$ t geschätzt. Lt. „Bergbautechnik", H 2, 1963, betragen die phosphorhaltigen Vorräte $30 \cdot 10^9$ t, entgegen $300 \cdot 10^6$ t nach früheren Schätzungen. Auch die 1957 mit $66,6 \cdot 10^6$ t angegebenen Pyritvorräte dürften beträchtlich höher sein.

Die Kohlenförderung in der VR China zeigt folgende Entwicklung (in 10^3 t):

(Höchststand vor)	1949	61880	1957	130000
	1949	32430	1958	270000
	1953	69680	1959	344000
	1955	98300	1960	420000

2,7 Mill. km² werden als erdölhöffig angesehen. Von 1949 bis Ende 1958 wurden 1871 Produktionsbohrungen niedergebracht. Erdölhöffige Strukturen sind in folgenden Gebieten festgestellt worden: im Tarim- und Turfan-Becken in der Autonomen Region Sinkiang-Uigur, in Jintschuan in der Innermongolischen Autonomen Region und in dem Autonomen Gebiet Kwangsi-Tschuang in Südwestchina. Ausgebeutet werden: das Tschintschuan-Becken in der Provinz Kansu, das Becken der Dsungarei in der Autonomen Region Sinkiang-Uigur, das Tsaidam-Becken in der Provinz Tschinghai (sämtlich in Nordwestchina) und das Szetschuan-Becken (Südwestchina).

Die Erdölförderung in der VR China zeigt folgende Entwicklung (in 10^3 t):

(Höchststand vor)	1949	321	1956	966
	1949	121	1957	1458
	1953	436	1958	2264

Die Vorräte an Ölschiefer sollen bei voller Ausnutzung ausreichen, um die VR China in den nächsten 150 Jahren jährlich mit 60 bis $80 \cdot 10^6$ t Öl zu versorgen. Neben zwei großen Gruben in Fuschun (Nordostchina) und in Maoning (Provinz Kwantung) gibt es in zahlreichen Provinzen Hunderte kleiner Ölschiefergruben. In den Provinzen Hunan, Honan, Hopeh, Kirin, Jünnan und Kweitschou besitzen die Ölschiefer einen Ölgehalt von über 10%. Die VR China kann aus dem im Inland geförderten und dem importierten Rohöl 92 verschiedene Erdölerzeugnisse herstellen.

Große Eisenerzlager wurden in den Provinzen Kansu und Tschinghai im Gebiet des Chilien-Gebirges erkundet. Auch an der Grenze Tschinghai/Tibet, am Südwestrand des Szetschuan-Beckens, in West-Hupeh, Anhwei, Kwantung und Honan wurden neue bedeutende Eisenerzvorkommen angetroffen. Vor 1949 betrugen die Eisenerzvorräte $3,9 \cdot 10^9$ t; nach neuesten Untersuchungen werden sie mit rd. $100 \cdot 10^9$ t angegeben. Die Eisenerzvorkommen bei Maanschan südlich Nanking haben einen Fe-Gehalt von 50—65%.

Die größten Goldvorkommen sind aus der Provinz Heilungkiang (Nordostchina) bekannt. Die Provinz Liaoning hat $3,4 \cdot 10^6$ t Golderzvorräte.

In Tuhueiula in der Innermongolischen Autonomen Region, in Tsining und Liangcheng befinden sich die größten Glimmergruben des Landes.

Außerordentlich reiche und hochwertige Asbestlager liegen in Shihmien (Provinz Szetschuan).

In den letzten Jahren wurden die vor mehr als 300 Jahren stillgelegten Marmorbrüche wieder in Betrieb genommen. Polierte Marmorplatten wurden 1957 erstmalig exportiert.

—s—

Das Zinn Boliviens

Bolivien, mit 1,1 Mill. km² dreimal so groß wie beide deutschen Staaten zusammen und mit nur 3,5 Millionen, davon 54,5% indianischen Bewohnern, das „Indianerland" Südamerikas, besitzt einen großen Reichtum an Zinn (in der Weltproduktion nur übertroffen von Malaya und zeitweise von Indonesien) sowie erhebliche Vorkommen von Wolfram, Zink, Antimon und Blei. In der nationalen Revolution von 1952 wurden die Zinnerzgruben, deren Förderung etwa 73% des Gesamtexports liefert, nationalisiert und der staatlichen Gesellschaft „Corporaciōn Minera de Bolivia" (COMIBOL) übertragen. Nur einige kleine Unternehmen blieben privat. Durch Schwierigkeiten, welche die Monopole der Regierung zu bereiten verstanden, ging die Zinnerzförderung zwar nach der Verstaatlichung erheblich zurück, konnte sich aber bis 1961, auch dank verbesserter Zinnpreise, wieder erholen.

Die zinnführende Zone gehört überwiegend dem Hochgebirgsplateau im Westen von Bolivien an und liegt in Höhen von über 4000 m. Der Zinngürtel reicht vom Titicaca-See im Norden bis zur argentinischen Grenze im Süden und hat eine Länge von über 1000 km. Auch Wolfram, Zink, Blei, Antimon und Silber sind in ihm enthalten. Die zinnreichste Zone liegt mit 500 km Länge in den Massiven der Ostkordilleren in den Verwaltungsbezirken Oruro, Cochabamba, La Paz und Potosi. Die Zinngruben von Llallagua liefern allein 40%, die von Potosi etwa 25% der Gesamtproduktion. Die bedeutendsten Erzadern haben 1,2—1,7% Metallgehalt. Das Erz wird vor der Ausfuhr auf 17% angereichert. Die Höhenlage und die Transportschwierigkeiten verteuern das bolivianische Zinn gegenüber dem asiatischen. Die gesamten Zinnerzvorräte Boliviens wurden 1947 auf rd. 500000 t Metallgehalt geschätzt.

Über die Produktion an wichtigsten Metallkonzentraten in Bolivien, die praktisch dem Export entspricht, werden von DIM, Länderbericht 1963, Nr. 11, dem statistischen Jahrbuch der Vereinten Nationen folgende Angaben (in t) entnommen:

	1957	1958	1959	1960	Welt-erzeugung 1960	Anteil Boliviens in % 1960
Zinn	28242	18014	24193	19718	162200	12,2
Wolfram	2618	1337	1454	1290	16900	7,6
Zink	19700	14200	3400	4000	2820000	0,14
Blei	26300	22800	22000	21400	1940000	1,1
Antimon	6374	5278	5502	5327	33900	15,7
Kupfer	3900	2900	2200	2300	3620000	0,06
Silber	167	188	139	152	6700	2,3

—Ha—

Internationales wissenschaftliches Kolloquium „Aufbereitung und Wasser"

Vom 21. bis 23. April 1964 findet anläßlich des zehnjährigen Bestehens des Forschungsinstituts für Aufbereitung in Freiberg (Sachs.) der Deutschen Akademie der Wissenschaften zu Berlin ein internationales wissenschaftliches Kolloquium statt. Es steht unter dem Leitthema „Aufbereitung und Wasser" und behandelt Verfahren zur trockenen Aufbereitung, ferner Fragen der Wasserersparnis bei nassen Aufbereitungsverfahren und Probleme der Reinigung des Aufbereitungswassers. Der Tagungsort ist Freiberg.

Kurznachrichten

Die **Förderung von Erdöl in der UdSSR** belief sich im 1. Halbjahr 1963 auf 99 Mill. t, 11% mehr als im 1. Halbjahr 1962, die Erdgasförderung betrug etwa 44,5 Mrd. m³, 22% mehr als in der Vorjahrsvergleichszeit.

Die **Bohrausrüstungen** für die Erschließung der Erdöl- und Erdgaslagerstätten in den weglosen Sumpfgebieten Westsibiriens, die nur im Winter und auch dann schwer erreichbar sind, werden mit **Hubschraubern**, die Ladungen bis zu 8 t aufnehmen, an- und abtransportiert.

In der **VR China** wurde 1963 eine Steigerung der **Erdölproduktion** um 500000 t gegenüber dem Vorjahr erreicht. Bis Ende 1967 hofft man in der VR China die Selbstversorgung ohne Erdölimporte erreichen zu können.

In 2300 m Tiefe wurde in **Essertines,** etwa 7,5 km südlich von Yverdon (Bezirk Echallens) **Erdöl** angetroffen. Ob eine wirtschaftliche Ausbeutung gerechtfertigt ist, kann z. Z. noch nicht mitgeteilt werden.

In **Österreich** betrugen nach Schätzungen für Ende 1962 die **Erdölvorräte** 30 Mill. t, die **Erdgasvorräte** 22 Mrd. m³. Die seit Anfang 1963 fündige Bohrung Voitsdorf 1 liefert täglich 70 t Reinöl aus der Oberkreide (erstmalig ölführendes Cenoman der Molassezone).

Das in **Italien** verbrauchte **Erdgas**, jährlich etwa 2,5 bis 3 Mrd. m³, wird zu 40—50% von der dortigen chemischen Industrie verwendet, und zwar teils als Brennstoff, teils als chemisches Ausgangsmaterial. Der Aufbau einer petrolchemischen Industrie in Süditalien läßt einen weiter ansteigenden Erdgasverbrauch erwarten.

Der italienische staatliche Erdöltrust ENI erhielt von der VAR weitere Konzessionen zur Erkundung und Produktion von **Erdöl im Nildelta** und in der Erdölzone von Kalique el Zeit am Golf von Suez.

1680 Mrd. m³ betragen nach den neuesten Schätzungen die **Erdgasvorräte der Sahara**. 960 Mrd. m³ soll allein das Feld Hassi R'Mel enthalten, 240 Mrd. m³ die Felder von Rhourde Nouss.

Die im Persischen Golf tätige Japanisch-Arabische Ölgesellschaft hat in der zentralen Zone vor **Kuweit** in 2700 m Teufe unter der Meeresoberfläche ein bedeutendes **Erdölfeld** entdeckt. Die Bohrungen wurden Ende Juni 1963 fündig.

Indien wird nach einem im Oktober 1963 abgeschlossenen Vertrag sowjetische Anlagen zur **Erdölerkundung** im Werte von 6 Mill. £ erhalten.

In **Tokio** fand im Oktober 1963 erstmalig eine **Kohlenkonferenz** der kapitalistischen Länder über geologische, technische und ökonomische Fragen des Kohlenbergbaus statt, an der 390 japanische und ausländische Vertreter (u. a. aus den USA, Westeuropa, Australien, Indien, Thailand) teilnahmen.

Die **Stahlerzeugung** in **Ungarn** hat im 1. Halbjahr 1963 mit 1,2 Mill. t gegenüber der Vergleichszeit des Vorjahrs um 5% zugenommen.

In **Liberia** wird die **Eisenerzproduktion** der neuen Grube Nimba, deren Bau ebenso wie die Anlage des Hafens von Buchanan und der Eisenbahnverbindung von der schwedischen Grängesberg-Gesellschaft betreut wird, 1965 voraussichtlich 7,5 Mill. t erreichen.

Im **Altai** befindet sich nahe Leninogorsk ein komplexer Erzbergbaubetrieb zur Erschließung reicher **Buntmetalllagerstätten** im Ausbau, die in geringen und größeren Teufen angetroffen wurden und gleichzeitig im Tief- und Tagebau ausgebeutet werden sollen.

In **Estland** wurde im Akademieinstitut für Bauwesen und **Baumaterialien** in Tallinn ein Verfahren zur Herstellung von Penokukermit und Gasokukermit, Baumaterialien aus Asche, ausgearbeitet, die u. a. zum Bau von Wohnhäusern geeignet sind.

In den nächsten Heften der Zeitschrift für angewandte Geologie

erscheinen u. a. folgende Beiträge

M. LEHMANN: Die erdmagnetische Vermessung der südlichen Ostsee — westlicher und mittlerer Teil

H. KRUHME & G. MAGALOWSKI: Graphische Ermittlung des geologischen und des betrieblichen Mächtigkeitsverhältnisses

A. P. PROKOFJEW: Die Berücksichtigung des Abraums und des Erzführungskoeffizienten bei der Festlegung von Konditionen für mineralische Rohstoffe

L. WÜSTNER: Salzauslaugung und Tektonik im Zechstein des Werrakaligebiets nach Ergebnissen seismischer Messungen

H. HÄNICHEN: Großversuche zur Ermittlung gesteinsphysikalischer Kennwerte für natürliche Dammbaustoffe

J. ST. PADUSZYNSKI: Untersuchung über die Klüftigkeit des Speichergesteins im Hauptdolomit des Rayons RB (Vorsudetengebiet)

G. WOLFF: Die Bestimmung von Karbonat in Mineralen und Gesteinen

Instruktion zur Anwendung der „Klassifikation der Lagerstättenvorräte fester mineralischer Rohstoffe" auf Naturstein-Lagerstätten der DDR, 1. Instruktion Naturstein vom 17. Dezember 1963

Instruktion zur Anwendung der „Klassifikation der Lagerstättenvorräte fester mineralischer Rohstoffe" auf Fluß- und Schwerspatlagerstätten der DDR, 2. Fluß- und Schwerspat-Instruktion vom 19. Dezember 1963

Herausgeber: Staatliche Geologische Kommission und Zentrale Vorratskommission für mineralische Rohstoffe der Deutschen Demokratischen Republik. Für die kollektive Chefredaktion: Dr. K. KAUTER (Redaktionssekretär), Berlin. Redaktion: Berlin N 4, Invalidenstraße 44. Verlag: Akademie-Verlag GmbH, Berlin W 8, Leipziger Straße 3—4 (Fernsprecher 220441, Telex 011773, Postscheckkonto: Berlin 35021). Bestellnummer des Heftes 1047/10/3. Alleinige Anzeigenannahme DEWAG-WERBUNG, Berlin C 2, Rosenthaler Str. 28/31, und alle DEWAG-Betriebe in den Bezirksstädten der DDR. Die „Zeitschrift für angewandte Geologie" erscheint monatlich. Bezugspreis 2,— DM je Heft. — Satz und Druck: VEB Druckhaus „Maxim Gorki", Altenburg. Veröffentlicht unter der Lizenznummer 1279 des Presseamtes beim Vorsitzenden des Ministerrates der Deutschen Demokratischen Republik. Kartengenehmigung: Nr. 1242/63, 85/64 und 107/64